大学数学系列丛书

数学建模简明教程

（第 2 版）

王兵团　辛　格　编著

清 华 大 学 出 版 社

北京交通大学出版社

·北京·

内 容 简 介

本书侧重数学建模知识的了解和数学建模能力及意识的培养，案例丰富，由浅入深，便于学生自学和教师教学。本着简明、实用和有趣的原则，书中的内容主要以初、中等难度数学建模问题为主，以求达到降低数学建模学习起点、实用和通俗易懂的目的。读者只要学过微积分、线性代数和了解简单的概率统计知识就可以学习本书。特别值得一提的是，本书很多内容只需具有高中数学水平就可以读懂。

本书可作为高校各专业的专科生、本科生、研究生及工程技术人员学习数学建模课程的教材和参考书，其中很多案例可以用于高等数学的教学。

图书在版编目（CIP）数据

数学建模简明教程/王兵团，辛格编著. —2 版. —北京：北京交通大学出版社：清华大学出版社，2023.3

（大学数学系列丛书）

ISBN 978 - 7 - 5121 - 4593 - 1

Ⅰ.① 数…　Ⅱ.① 王…　② 辛…　Ⅲ.① 数学模型-高等学校-教材　Ⅳ.① O141.4

中国版本图书馆 CIP 数据核字（2022）第 006838 号

数学建模简明教程

SHUXUE JIANMO JIANMING JIAOCHENG

责任编辑：黎　丹

出版发行：清 华 大 学 出 版 社	邮编：100084	电话：010-62776969	http://www.tup.com.cn
北京交通大学出版社	邮编：100044	电话：010-51686414	http://www.bjtup.com.cn

印　刷　者：北京时代华都印刷有限公司

经　　销：全国新华书店

开　　本：185 mm×260 mm　印张：11.75　字数：293 千字

版　　次：2012 年 3 月第 1 版　2023 年 3 月第 2 版　2023 年 3 月第 1 次印刷

印　　数：1～3 000 册　定价：39.00 元

本书如有质量问题，请向北京交通大学出版社质监组反映。对您的意见和批评，我们表示欢迎和感谢。

投诉电话：010 - 51686043，51686008；传真：010 - 62225406；E-mail：press@bjtu.edu.cn。

前言

　　数学建模在科学技术发展中的重要作用越来越受到社会的普遍重视，并已经成为现代科学技术工作者必备的重要能力之一。

　　数学建模教学的目的是培养学生认识问题和解决问题的能力，它涉及对问题积极思考的习惯、理论联系实际并善于发现问题的能力、能在口头和文字上清楚表达自己的思想、熟练使用计算机的技能和培养集体合作的团队精神等，所有这些对提高学生的素质都是很有帮助的，并且非常符合当今提倡素质教育精神的要求。

　　一个人科研素质的提高是一个过程，具有循序渐进的特点。既然数学建模教学可以达到提高人们科研素质的目的，那么编写一本难度不大的数学建模教材，让学生较早地接触数学建模知识，了解数学建模的方法，就很有必要了。2012 年，以这种思想为指导编写的《数学建模简明教程》受到了很多学校师生的欢迎，并多次印刷，说明该教材达到了编写的目的。截止到 2023 年，《数学建模简明教程》出版已有 11 年。在这 11 年里，我国的数学建模活动进入了普及阶段，想借助参加数学建模竞赛提高学生综合素质的学校数量不断增多。为了更好地帮助广大高校进行数学建模的教学和竞赛培训，我们对《数学建模简明教程》进行了再版。

　　本书在《数学建模简明教程》第 1 版的基础上增加了数据挖掘建模内容，以适应当前建模中经常遇到的大数据建模问题。另外，本书对第 1 版附录内容做了删减增补，以利于学生自学和教师进行数学建模教学。本书内容简明、实用、有趣，主要以初、中等难度数学建模问题为主，以达到降低数学建模学习起点的目的。读者只要学过微积分、线性代数和了解简单的概率与统计知识就可以学习本书。特别值得一提的是，本书很多内容只需具有高中数学水平就可以读懂。

　　全书共分为 10 章，内容涉及数学建模基础知识、经济问题模型、种群问题模型、随机问题模型、微分方程模型、数值方法模型、面向问题的新算法构造方法、实际问题变为数学问题的方法和数据挖掘模型。此外，为了使学生了解国际、国内的数学建模竞赛，本书在附录 A 介绍了数学建模竞赛的一些信息；附录 B 介绍了数学建模竞赛论文写作注意事项；附录 C 给出了学生参加数学建模竞赛的经历与感想；附录 D 给出了我校学生参加全国大学生数学建模竞赛获得全国一等奖的论文，以及参加美国大学生数学建模竞赛获得特等奖的论文

（原文），目的是让想参加数学建模竞赛的同学通过阅读获奖论文原文了解数学建模竞赛论文的整体情况，思考、总结并从这些获奖原文中得到启发；附录 E 给出了一些数学建模竞赛的模拟赛题，这些赛题可以用于校级模拟竞赛或数学建模教学的结课考试；附录 F 给出了国内外有代表性的数学建模竞赛获奖证书。其中，附录 D、附录 E 和附录 F 以电子文件的形式存放在对应的二维码中，读者通过扫码即可查看这些内容。

本书第 10 章内容由辛格编写，其余内容由王兵团编写。由于作者水平有限，书中难免有不当之处，恳请广大读者指正。

编　者
2023 年 3 月

第1章 引　论

在目前崇尚科学探索和追求经济效益的活动中，会经常听到"数学建模"这个词汇，但数学建模能做什么很多人却不知道. 不了解数学建模的人把数学建模理解为单一的数学课程，其中一些人看到一些高精尖的科研问题中经常涉及数学建模问题，还把数学建模看成是很高深的理论，只有研究生水平才能学懂它. 面对这些疑问，本章将给予回答，同时系统介绍有关数学建模的知识和方法.

1.1　什么是数学建模

数学建模是连接数学知识与实际问题的桥梁，它借助数学的知识和方法描述实际问题的主要规律，以达到解决实际问题的目的. 在数学建模过程中，首先要把实际问题用数学语言来描述，以将其转化为人们熟悉的数学问题和形式，然后通过对这些数学问题的求解来获得相应实际问题的解决方案或对相应实际问题有更深入的了解，以帮助决策者进行决策.

数学建模问题不是一个纯数学的问题. 以 2001 年全国大学生数学建模竞赛考题为例，此年给出了两个赛题让参赛队任选一个来做. 这两个赛题是"血管的三维重建问题"和"公交车调度问题". 第一个题目是生物医学方面的问题，而第二个题目是交通问题. 再看看以前各届国内外数学建模试题，更是五花八门，像（如）动物保护、施肥方案、抓走私船的策略、应急设施的选址等. 实际上，熟悉科学研究的人会发现：数学建模的内容正是科学研究工作者及在读研究生完成毕业论文要做的主要工作，是科学研究和生产实践中的重要方法.

由于数学建模具有可以培养学生解决实际问题能力的特点，并且在建模过程中要用到很多数学和计算机应用方面的知识，这对在校大学生和研究生学好数学和计算机课程、提高解决实际问题的能力都是非常有益处的. 因此，了解和学习数学建模知识对渴望提高自身科研素质的读者无疑是很有帮助的.

现实问题与数学模型有如图 1-1 所示的关系.

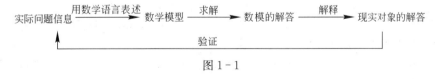

图 1-1

学习数学建模，应该了解以下有关的概念.

1. 原型

人们在现实世界中关心、研究或从事生产、管理的实际对象称为原型（prototype）. 原型有研究对象、实际问题等.

2. 模型

为某个目的将原型的某一部分信息进行简缩、提炼而构成的原型替代物称为模型 (model). 模型有直观模型、物理模型、思维模型、计算模型、数学模型等.

一个原型可以有多个不同的模型. 例如, 对飞机这个研究对象, 我们要研究飞机在空气中飞行的空气动力学问题, 此时只要用对飞机外形进行简缩、提炼获得的飞机模型代替原飞机来研究即可, 而不必考虑飞机内部构造; 但若要研究飞机的机舱设计问题, 就要用对飞机内部结构进行简缩、提炼获得的飞机模型代替原飞机来研究, 而不必考虑飞机的外部构造. 这样, 我们对飞机这个研究对象至少可以得到两个不同的模型.

3. 数学模型

由数字、字母或其他数学符号组成, 描述实际对象数量规律的数学公式、图形或算法称为数学模型.

数学模型最常见的表现形式是一个或一组数学公式. 我们在中学所熟悉的万有引力公式、化学反应方程式或各学科中出现的数学关系式等都是数学模型. 借助数学模型, 人们可以更加深入地理解对应实际问题的因果关系和运行规律.

在社会科学中, 用数学模型表示一个结论可以取得简单明了、通俗易懂的效果. 例如, 爱因斯坦通过自己的切身体会总结出关于人生成功的名言:

$$人生成功＝艰苦的工作＋正确的方法＋少谈空话$$

它对应的数学模型就是

$$S=x+y+z$$

这里 S 代表人生成功, x 代表艰苦的工作, y 代表正确的方法, z 代表少谈空话.

再如, 爱迪生有一句关于天才的至理名言:

$$天才就是百分之一的灵感加上百分之九十九的汗水$$

它对应的数学模型是

$$G=1\%a+99\%s$$

这里 G 代表天才, a 代表灵感, s 代表汗水.

1.2　数学建模的方法和步骤

数学建模乍听起来似乎很高深, 但实际上并非如此. 例如, 在中学的数学课程中做应用题列出的数学式子就是简单的数学模型, 而做题的过程就是在进行简单的数学建模. 下面用一道代数应用题的求解过程来说明数学建模的步骤.

【例 1-1】　一个笼子里装有鸡和兔若干只, 已知它们共有 8 个头和 22 只脚, 问该笼子中有多少只鸡和多少只兔?

解　设笼中有鸡 x 只, 兔 y 只, 由已知条件有

$$\begin{cases} x+y=8 \\ 2x+4y=22 \end{cases}$$

求解以上二元方程组, 得 $x=5$, $y=3$, 即该笼子中有鸡 5 只, 兔 3 只. 将此结果代入原题进行验证可知所求结果正确.

　　根据例题可以得出数学建模的大致步骤如下.

　　① 根据问题的背景和建模的目的做出假设（本题隐含的假设是鸡、兔正常，畸形的鸡、兔除外）.

　　② 用字母表示要求的未知量.

　　③ 根据已知的常识列出数学式子或画出图形（本题中的常识为鸡、兔都有一个头且鸡有 2 只脚，兔有 4 只脚）.

　　④ 求出数学式子的解答.

　　⑤ 验证所得结果的正确性.

　　如果想对某个实际问题进行数学建模，通常要先了解该问题的实际背景和建模目的，尽量弄清楚要建模的问题属于哪一类学科，然后通过互联网或图书馆查找、搜集与建模要求有关的资料和信息，为接下来的数学建模做准备，这一过程称为**模型准备**. 由于人们所掌握的专业知识是有限的，而实际问题往往是多样的、复杂的，所以模型准备对数学建模是非常重要的.

　　一个实际问题往往会涉及很多因素，如果把涉及的所有因素都考虑到，既不可能也没必要，而且还会使问题复杂化而导致建模失败. 要想把实际问题变为数学问题，需要对其进行必要的、合理的简化和假设，这一过程称为**模型假设**. 在明确建模目的和掌握相关资料的基础上，略去一些次要因素，以主要矛盾为主来对该实际问题进行适当的简化，并提出合理的假设，这样可以为数学建模带来方便，进而使问题得到解决. 一般地，所得建模的结果依赖于对应模型的假设，模型假设到何种程度取决于经验和具体问题. 在整个建模过程中，模型假设可以通过不断修改逐步完善.

　　有了模型假设，就可以选择适当的数学工具并根据已有的知识和搜集的信息来描述变量之间的关系或其他数学结构（如数学公式、定理、算法等）了，这一过程称为**模型构成**. 在进行模型构成时，可以使用各种各样的数学理论和方法，必要时还需要创造新的数学理论和方法，但要注意的是在保证精度的条件下尽量用简单的数学方法. 要求建模者对所有数学学科都精通是做不到的，但做到了解这些学科能解决哪一类问题和解决问题的方法对开阔思路是很有帮助的. 此外，根据不同对象的一些相似性，借用某些学科中的数学模型，也是模型构成中经常使用的方法. 模型构成是数学建模的关键.

　　在模型构成中建立的数学模型可以采用解方程、推理、图解、计算机模拟、定理证明等各种传统的和现代的数学方法进行求解，其中有些工作可以用计算机软件来完成. 建模的目的是解释自然现象、寻找规律以解决实际问题. 要达到此目的，还需对获得的结果进行数学分析，如分析变量之间的依赖关系和稳定状况等，这一过程称为**模型求解与分析**.

　　把模型的分析结果与研究的实际问题做比较，以检验模型的合理性，这一过程称为**模型检验**. 模型检验对建模的成败是很重要的，如果检验结果不符合实际，则应该修改、补充假设或改换其他数学方法，重新做模型构成. 通常，一个模型要经过多次反复修改才能得到满意的结果.

　　利用建模中获得的正确模型对研究的实际问题给出预报或对类似实际问题进行分析、解释和预报以供决策者参考，这一过程称为**模型应用**.

　　以上数学建模的一般步骤可以用图 1-2 加以说明.

模型准备 ➤ 模型假设 ➤ 模型构成 ➤ 模型求解与分析 ➤ 模型检验 ➤ 模型应用

图 1-2

要注意的是，上述数学建模一般步骤中的每个过程不必在每个建模问题中都要出现，有时各个过程之间没有明显的界限．这里要指出的是，数学建模的过程不是教条的，而是灵活多样的，衡量数学建模成功与否的标准主要看研究者是否最终解决了问题．下面用一个建模例子来说明本节的内容．

案例 1-1　四足动物的身长和体重关系问题

中国农村的农民经常用测量自家所养猪的身长来估算猪的重量，这是否说明猪的身长和体重之间有一个计算公式？请用数学建模的方式找到这个计算公式．

1. 模型准备

四足动物的生理构造因种类不同而有所差异，如果陷入生物学对复杂生理结构的研究，将很难得到有价值的模型．为此可以在较粗浅假设的基础上，建立动物的身长和体重的比例关系．该问题与体积和弹性力学有关，搜集与此有关的资料得到弹性力学中两端固定的弹性梁的一个结果：长度为 L 的圆柱形弹性梁在自身重力（f）的作用下，弹性梁的最大弯曲（v）与重力（f）和梁的长度（L）的三次方成正比，与梁的截面面积（s）和梁的直径（d）的二次方成反比，即

$$v \propto \frac{fL^3}{sd^2}$$

利用这个结果，采用类比的方法给出以下假设．

2. 模型假设

① 设四足动物的躯干（不包括头、尾）是长度为 L、断面直径为 d 的圆柱体，其体积为 m．

② 四足动物的躯干（不包括头、尾）重量与其体重相同，记为 f．

③ 四足动物可看作一根支撑在四肢上的弹性梁，其腰部的最大下垂对应弹性梁的最大弯曲，记为 v．

3. 模型构成

正比关系与等式关系具有同样的性质，但正比关系表达式具有更简单的形式．如 x 与 y 成正比，用正比关系表示就是 $x \propto y$，而用等式关系表示就是 $x = ky$，k 为常数．为了使推导公式的过程简洁，这里用正比关系表达式来进行推导．

因为重量与体积成正比且相等关系也是正比关系，于是有

$$f \propto m, \quad m \propto sL$$

根据弹性理论结果及正比关系的传递性，得

$$v \propto \frac{sL^4}{sd^2} = \frac{L^4}{d^2} \Rightarrow \frac{v}{L} \propto \frac{L^3}{d^2}$$

上式多一个变量 v．注意到 $\dfrac{v}{L}$ 可以看作是动物躯干的相对下垂度，从生物进化观点，可以对

相对下垂度做出以下推断：

① $\dfrac{v}{L}$ 太大，四肢将无法支撑，此种动物必被淘汰；

② $\dfrac{v}{L}$ 太小，四肢的材料和尺寸超过了支撑躯体的需要，是一种浪费，不符合进化理论．

由此从生物学的角度可以确定，对于每一种生存下来的动物，经过长期进化后，相对下垂度 $\left(\dfrac{v}{L}\right)$ 已经达到其最合适的数值，它应该接近一个常数 k（不同种类的动物，常数值不同）．于是可以得出

$$\frac{v}{L} \propto \frac{L^3}{d^2} \Rightarrow k \propto \frac{L^3}{d^2} \Rightarrow d^2 \propto L^3$$

再由

$$f \propto sL，\ s \propto d^2 \propto L^3 \Rightarrow f \propto L^4$$

由此得到四足动物体重与躯干长度的关系的数学模型

$$f = kL^4$$

如上数学模型指出了四足动物的体重与身长的四次方成正比．显然该数学模型的得出过程比较粗糙，但没有关系，因为数学建模注重的是结果的有效性．下面用模型检验来说明所得结果的正确性．

4. 模型检验

随机选取一个养猪场的若干头猪或养羊场的若干只羊作为样本，分别测量这些动物的身长和体重以获得一组实验数据，然后用这组数据代入所得数学模型中，用最小二乘法可以确定公式中的比例常数 k，由此得到该动物养殖场的根据动物躯体长度估计体重的公式．我们用这个具有已知常数 k 的公式来估算该养殖场的其他动物的身长与体重的关系，发现结果是令人满意的．模型检验结果肯定了所得数学模型是正确的．

5. 模型应用

对于养殖场的一种四足动物，先随机采集若干只动物测量它们的身长和体重获得数据，然后用最小二乘法确定公式中的比例常数 k，这样就可以得到该养殖场动物的躯体长度与其体重关系的具体公式．利用这个公式，可以不必进行称重，只测量身长就可以得出动物的体重，这会给动物称重工作带来很大方便．

6. 简评

发挥想象力，利用类比方法，对问题进行大胆的假设和简化是数学建模的一个重要方法．不过，使用此方法时要注意对所得数学模型进行检验．

应当指出的是，对于同一个实际问题，由于解决问题的假设（解决问题的前提条件）不同或所建立模型使用的知识不同，经常会得出不同的数学模型．这些模型都是有意义的，因为它们或是考虑问题的出发点不同，因而所得数学模型适用的范围不同；或是采用的工具（知识和方法）不同，因而所得数学模型有不同的表现形式．我们不能要求所得出的数学模型都一模一样，这也是数学建模没有唯一正确的标准答案的原因．此外，同一结果用不同形式表述也是数学建模经常使用的方法，人们经常用这种方式来使所解决问题的结果更具有多

样性，这里用人们对我国唐朝诗人杜牧描述清明节的诗《清明》的不同改写来说明这一点．杜牧的诗《清明》为

清明时节雨纷纷，路上行人欲断魂．
借问酒家何处有？牧童遥指杏花村．

有人将其改写成如下宋词和元曲的形式：

宋词	剧本（元曲）
清明时节雨，	［清明时节］［雨纷纷］
纷纷路上行人，	［路上］
欲断魂．	
借问酒家何处，	行人（欲断魂）：
有牧童，	借问酒家何处有？
遥指杏花村．	牧童（遥指）：
	杏花村．

上述 3 种不同形式所用的汉字相同，但采取了不同的文字结构．杜牧的七言唐诗文字结构比较规整，适于言志；改写的宋词文字结构错落有序，用语活跃，适于抒情；而元曲用语白话，易懂，适于百姓故事．不难看到，这 3 种形式表达的是同一个内容，但又各具特点．

1.3　数学建模的作用

数学建模的作用主要体现在以下三点．
① 解释实际现象，以洞察其本质．
② 找到解决实际问题的方法和途径．
③ 给出实际问题的运行规律，以便决策者根据他们的目的拟订实施方案．
上述三点是当今科学研究和生产实践活动最重要的内容．下面用具体案例进行说明．

1. 英文词汇解释

在当今社会，为了使自己生活圆满，有人追求金钱，有人追求权利，还有人追求爱情等．那么这些人们追求的东西能使自己生活圆满吗？对此，有人借助英文词汇建立了一个用算法表述生活圆满程度的数学模型：
① 将 A，B，C，D，E，…，X，Y，Z 这 26 个英文字母，分别对应百分数 $1\%,2\%,\cdots,26\%$ 这 26 个数值；
② 对每一个英文单词所包含的字母进行对应百分数相加得到该词的权重数，称其为生活圆满度．
用这个数学模型，可以计算出人们所追求的生活圆满度百分比数．
MONEY（金钱）：$M+O+N+E+Y=13\%+15\%+14\%+5\%+25\%=72\%$
LEADERSHIP（权利）：$L+E+A+D+E+R+S+H+I+P=97\%$
LOVE（爱情）：$L+O+V+E=12\%+15\%+22\%+5\%=54\%$
上面的几个计算我们尚没有找到最圆满（100%）的词汇，再尝试以下几个热门词汇．
LUCK（运气）：$L+U+C+K=12\%+21\%+3\%+11\%=47\%$

KNOWLEDGE（知识）：K＋N＋O＋W＋L＋E＋D＋G＋E＝96％

HARD WORK（努力工作）：H＋A＋R＋D＋W＋O＋R＋K＝98％

STUDY（学习）：S＋T＋U＋D＋Y＝19％＋20％＋21％＋4％＋25％＝89％

至此，我们还是没有找到最圆满的词汇. 那么什么是最圆满的呢？想到人们常说态度决定一切，那么是这个词汇吗？计算为

ATTITUDE（态度）：

A＋T＋T＋I＋T＋U＋D＋E＝1％＋20％＋20％＋9％＋20％＋21％＋4％＋5％＝100％

仔细思考会发现，用该模型所得的计算结果与实际情况基本相符，说明该模型是正确的，找到了正确描述生活圆满度的定量方法. 这个模型量化了社会热点内容的生活圆满度，使我们了解了热点内容生活圆满度的大小，并告诉我们对待工作、生活的态度能够使我们的生活达到100％的圆满！

2. 手掌指关节分布研究

美国一名治疗残疾病医院的医生打算开发一种新的治疗方法，为此他咨询了一名从事数学建模研究的教授，希望他能从数学模型方面给出新的治疗法或建议. 该医生告诉教授，他治疗的病人的残疾特点是走路像大猩猩，而且手掌与常人有明显不同. 教授听后，让这名医生提供20张该类残疾人的手掌正面图.

为研究的需要，他拿到该图后，自己又找了20张正常人的手掌正面图. 他用数学建模的方法，通过一段时间的研究后，发现正常人五个手指的第二关节点基本处在一条椭圆曲线上，而残疾人五个手指第二指关节点就没有这种特点. 于是根据这个研究结果，他提出了"通过物理拉伸指关节的方式，将残疾人的五个第二指关节点拉伸到一条椭圆曲线上"的治疗新方法给该医生. 同时，他又找到了几张大猩猩的正面手掌图，发现大猩猩手掌第二指关节点的分布也不在一条椭圆曲线上. 他用这个结果解释了为什么这类残疾人走路动作像大猩猩的现象.

3. 王选汉字精密照排系统开发

20世纪初，国外出现了一种利用照相原理来代替铅活字的排版技术. 到了20世纪70年代，国外的印刷业已经发生了翻天覆地的变化，激光照排机已经发展到了第四代，而中国的印刷业却还在汉字的"丛林里"艰难跋涉. 然而，我国自己的一项伟大发明引起了一场技术革命，彻底改变了印刷行业的命运，这便是北京大学王选教授发明的"精密汉字照排系统". 王选的发明使中文印刷业告别了"铅与火"，大步跨进"光与电"的时代，同时他也被人们赞誉为"当代毕昇"和"汉字激光照排之父".

汉字的常用字在3 000字以上，印刷用字体、字号又多，每种字体起码需要7 000多字，这样印刷用汉字个数高达100万以上，汉字点阵对应的总储量将达200亿位！然而，当时科研条件十分简陋：国产计算机内存是磁心存储器，最大容量为64 KB；没有硬盘，只有一个512 KB的磁鼓和一条磁带. 要想实现庞大的汉字字形信息的存储和输出，在许多人看来真是天方夜谭！王选利用数学建模的方法处理信息压缩问题，找到了用数学方法计算汉字轮廓曲率的"高招"，使庞大的汉字字模大大减少，扫清了研制汉字精密照排系统的最大障碍. 他后来发明的汉字字形信息高速还原技术、不失真的文字变倍技术等都是借助数学建模完成的.

对于数学而言，一些人觉得除了考试之外，数学用处不大. 如果谁有这个认识，说明他还不了解数学建模或还没有达到科研和技术开发的一定层次. 实际中，我们会看到很多著名科学家或工程大师都有很好的数学功底，特别是数学建模的功底！

如果把科研攻关比作一场足球比赛，那么数学在其中的作用就是射门时刻的临门一脚，而数学建模则是助力将足球打入禁区的功臣！

1.4　怎样做数学建模

数学建模是一种迭代过程，这是因为在进行数学建模时依赖于模型假设. 通常在建模开始时作的初始假设会有些遗漏或不太合适，以至于得出的数学模型与实际不符，这样就要修改假设再重新建模.

数学建模一般是从先建立一个简单的模型开始，然后根据模型的特点和实际需要来修改简单模型，使其不断丰富，以获得所要解决问题的复杂一些的数学模型. 此外，对要解决的问题若因为考虑太多不能建立一个数学模型或不能求解已经建立的模型，对其进行简化就是我们的首选.

建立简化模型或对已经有的数学模型进行简化的方法有：

① 限制问题的识别，使问题更具体；

② 忽略一些变量或因素；

③ 用多个变量的合并效果表示一个变量以减少变量个数；

④ 把一些变量作为常数来考虑；

⑤ 对有关系的变量采用简单线性关系；

⑥ 给出更多的假设.

只有简化模型是不够的，要获得更好的数学模型常采用对简化模型进行改进的方法.

对已经有的数学模型进行改进的方法有：

① 把问题进行扩展；

② 加入额外的变量；

③ 仔细考虑模型中的每个变量；

④ 把常数改为变量考虑；

⑤ 考虑变量之间的非线性关系；

⑥ 减少假设的条件.

数学建模通过模型简化和改进使建立的数学模型具有了一般性、现实性和准确性. 为说明这一点，请看下面历史上著名的人口增长模型的建模案例.

案例 1 - 2　人口增长模型

人类文明发展到今天，人口与资源之间的矛盾日渐突出，人口问题已成为当前世界上被各国政府和人口科学家普遍关注的问题之一. 请用数学建模的方法建立人口增长的数学模型.

1. 简单模型（指数增长模型，Malthus 模型）

（1）模型假设

① 地球上的资源无限；

② 单位时间人口的增长量与当时人口数成正比，即人口增长率为常数；

③ 人口数足够大，是时间的连续可微函数.

（2）符号说明

t：研究人口变化规律的时间，t_0 是研究开始时间；

r：人口增长率；

$P(t)$：在时刻 t 某地区的人口数.

（3）模型建立及求解

由模型假设，在 t 到 $t+\Delta t$ 时间内人口数的增长量为

$$P(t+\Delta t)-P(t)=rP(t)\Delta t$$

两端除以 Δt，得到

$$\frac{P(t+\Delta t)-P(t)}{\Delta t}=rP(t)$$

由假设①，$P(t)$ 连续可微，令 $\Delta t\to 0$，就可以写出微分方程 $\dfrac{\mathrm{d}P}{\mathrm{d}t}=rP$. 如果设 $t=t_0$ 时刻的人口数为 P_0，则 $P(t)$ 满足初值问题：

$$\begin{cases}\dfrac{\mathrm{d}P}{\mathrm{d}t}=rP\\ P(t_0)=P_0\end{cases} \tag{1-1}$$

求解之，得出人口数学模型为

$$P(t)=P_0\mathrm{e}^{r(t-t_0)},\quad t\geqslant t_0$$

显然，由于 $r>0$，当 $t\geqslant t_0$ 时，$P(t)$ 随时间呈指数级增长，故该模型称为指数增长模型，它是 Malthus 首先得出的，也称为 Malthus 模型.

（4）模型检验

① 通过历史人口数据检验，发现 Malthus 模型在 19 世纪以前欧洲一些地区的人口统计中可以很好地吻合，但对 19 世纪以后的许多国家，该模型遇到了很大的挑战.

② 注意到 $\lim\limits_{t\to\infty}P(t)=\lim\limits_{t\to\infty}P_0\mathrm{e}^{r(t-t_0)}=+\infty$，而我们的地球是有限的，故 Malthus 模型对未来人口总数预测非常荒谬，不合常理，应该予以修正.

2. 改进模型（阻滞增长模型，Logistic 模型）

一个模型的缺陷，通常可以在模型假设中找到其症结所在. 在指数增长模型中，只考虑了人口数影响人口的增长速率，事实上影响人口增长的另外一个因素还有资源（包括自然资源、环境条件等因素）. 随着人口的增长，资源量对人口增长开始起阻滞作用，因而人口增长率会逐渐地下降. 许多国家的实际情况都是如此.

（1）模型假设

① 地球上的资源有限；

② 单位时间人口的增长量与当时人口数成正比，与当时剩余资源也成正比；

③ 人口数足够大，是时间的连续可微函数.

（2）符号说明

t：研究人口变化规律的时间，t_0 是研究开始时间；

r：人口增长率；

$P(t)$：在时刻 t 某地区的人口数；

P^*：地球的极限承载人口数.

（3）模型建立及求解

地球上的资源有限，不妨设为 1，故一个人的正常生存需要占用资源 $1/P^*$，在时刻 t 地球剩余资源为 $1-P/P^*$. 由模型假设②和③，易写出以下微分方程

$$\begin{cases} \dfrac{\mathrm{d}P}{\mathrm{d}t}=rP(1-P/P^*) \\ P(t_0)=P_0 \end{cases} \tag{1-2}$$

这是一个 Bernoulli 方程的初值问题，其解为

$$P(t)=\frac{P^*}{1+\left(\dfrac{P^*}{P_0}-1\right)\mathrm{e}^{-r(t-t_0)}}$$

在这个模型中，我们考虑了资源量对人口增长率的阻滞作用，因而称为阻滞增长模型（或 Logistic 模型），其图形如图 1-3 所示.

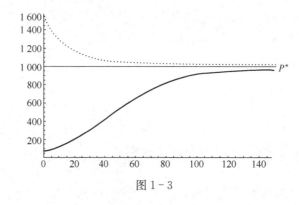

图 1-3

（4）模型检验

从图 1-3 可以看出，人口总数具有如下规律：当人口数的初始值 $P_0>P^*$ 时，人口曲线（虚线）单调递减，而当人口数的初始值 $P_0<P^*$ 时，人口曲线（实线）单调递增；无论人口初值如何，当 $t\to\infty$ 时，它们皆趋于极限值 P^*.

检验结果说明 Logistic 模型修正了 Malthus 模型的不足，其在做相对较长时期的人口预测时比 Malthus 模型更准确.

（5）模型讨论

阻滞增长模型从一定程度上克服了指数增长模型的不足，可以用来做相对较长时期的人口预测，而指数增长模型在做人口的短期预测时，因为其形式相对简单也常被采用.

不论是指数增长模型曲线，还是阻滞增长模型曲线，它们有一个共同的特点，即均为单调曲线. 但我们从一些有关我国人口预测的资料中发现这样的预测结果：在直到 2030 年这一段时期内，我国的人口一直将保持增加的势头，到 2030 年前后我国人口将达到最大峰值 16 亿，之后将进入缓慢减少的过程——这是一条非单调的曲线，即说明其预测方法不是本节提到的两种方法的任何一种. 要想建立更好的人口预测模型，就要对模型做更进一步的改进.

习题与思考

1. 什么是数学建模？数学建模的一般步骤是什么？
2. 什么是数学模型？简述数学模型的作用.
3. 在数学建模时为什么要进行模型假设？哪些内容应该在模型假设中给出？
4. 在数学建模时为什么要进行模型检验？模型检验要从哪些方面来做？
5. 数学建模的作用有哪些？
6. 用自己对数学建模知识的理解，尽量用自己的话回答以下问题：
   (1) 怎样做数学建模？
   (2) 数学建模与实际问题有什么关系？
7. 在数学建模中，恰当的类比有时可以更好地帮助建立数学模型. 如果把一个社会或一个城市看作一个人，你怎样对它们进行类比？说明类比的理由. 根据人的特点，你能提出哪些有利于社会或城市健康发展的方法？

第 2 章 典型的数学建模案例

数学建模是把实际问题变为数学问题后来寻找解决实际问题的方法或答案的. 为了让读者了解并学习用数学建模解决问题的方法和过程, 本章将详细介绍有代表性的 7 个典型案例, 这些案例虽然难度不大, 但能很好地体现数学建模的过程和方法.

2.1 双层玻璃的功效问题

北方城镇有些建筑物的窗户玻璃是双层的, 这样做的目的是使室内保温, 试用数学建模的方法给出双层玻璃减少热量损失的定量分析结果.

1. 模型准备

该问题与热量的传播形式、温度有关. 检索有关的资料得到与热量传播有关的一个结果——热传导物理定律: 厚度为 d 的均匀介质, 两侧温度差为 ΔT, 则单位时间内由温度高的一侧向温度低的一侧通过单位面积的热量 Q 与 ΔT 成正比, 与 d 成反比, 即

$$Q = \lambda \frac{\Delta T}{d}$$

其中, λ 为热导率.

2. 模型假设

根据以上定律做以下假设:

① 室内的热量传播只有传导形式 (不考虑对流、辐射);

② 室内温度与室外温度保持不变 (单位时间通过窗户单位面积的热量是常数);

③ 玻璃厚度一定, 玻璃材料均匀 (热导率是常数).

3. 模型构成

如图 2-1 所示, 其中的符号表示为:

d——单层玻璃厚度;

T_1——室内温度;

T_2——室外温度;

T_a——靠近内层玻璃的温度;

T_b——靠近外层玻璃的温度;

L——两层玻璃之间的距离;

λ_1——玻璃热导率;

λ_2——空气热导率.

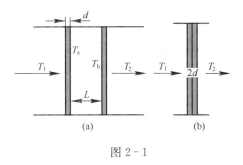

图 2-1

对中间有缝隙的双层玻璃，由热量守恒定律应有：穿过内层玻璃的热量等于穿过中间空气层的热量，等于穿过外层玻璃的热量. 所以根据热传导物理定律，得

$$Q=\lambda_1\frac{T_1-T_a}{d}=\lambda_2\frac{T_a-T_b}{L}=\lambda_1\frac{T_b-T_2}{d}$$

消去不易测量的 T_a、T_b，有

$$Q=\lambda_1\frac{T_1-T_2}{d(s+2)}$$

其中

$$s=h\frac{\lambda_1}{\lambda_2},\quad h=\frac{L}{d}$$

对中间无缝隙的双层玻璃，可以视作厚度为 $2d$ 的单层玻璃，故根据热传导物理定律，有

$$Q'=\lambda_1\frac{T_1-T_2}{2d}$$

而

$$\frac{Q}{Q'}=\frac{2}{s+2}$$

即有

$$Q<Q'$$

此式说明双层玻璃比厚度为"2 层"的单层玻璃保温，当然比单层玻璃更保温.

为得到定量结果，考虑 s 的值，查资料有

常用玻璃　　$\lambda_1=0.4\sim0.8$ W/(m·K)

静止的干燥空气　$\lambda_2=0.025$ W/(m·K)

若取最保守的估计，有

$$\frac{\lambda_1}{\lambda_2}=16,\qquad\frac{Q}{Q'}=\frac{1}{8h+1},\qquad h=\frac{L}{d}$$

由于 $\dfrac{Q}{Q'}$ 可以反映双层玻璃在减少热量损失的功效，在最保守的估计下，它是 h 的函数. 下面从图形考察它的取值情况.

从图 2-2 中可知，此函数无极小值，且当 h 从零变大时，$\dfrac{Q}{Q'}$ 迅速下降，但 h 超过 4 后下降变慢.

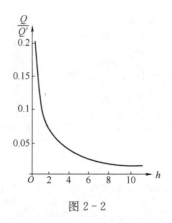

图 2 - 2

从节约材料方面考虑，h 不宜选择过大，以免浪费材料. 如果取 $h \approx 4$，有

$$\frac{Q}{Q'} \approx 3\%$$

这说明在最保守的估计下，玻璃之间的距离约为玻璃厚度的 4 倍时，双层玻璃比单层玻璃避免热量损失可达 97%.

简评　该问题给出的启示是：对于不太熟悉的问题，可以从实际问题涉及的概念着手，搜索有利于进行数学建模的结论来建模，此时建模中的假设要以所用结论成立的条件给出.此外，该题通过对减少热量损失功效的处理给出了对没有函数极值的求极值问题的一个解决方法.

2.2　搭积木问题

将一块积木作为基础，在它上面叠放其他积木，问上下积木之间的"向右前伸"可以达到多少？

1. 模型准备

这个问题涉及重心的概念. 关于重心的结果有：设 xOy 平面上有 n 个质点，它们的坐标分别为 $(x_1, y_1), (x_2, y_2), \cdots, (x_n, y_n)$，对应的质量分别为 $m_1, m_2, \cdots, m_n$，则该质点系的重心坐标 $(\bar{x}, \bar{y})$ 满足的关系式为

$$\bar{x} = \frac{\sum_{i=1}^{n} m_i x_i}{\sum_{i=1}^{n} m_i}, \quad \bar{y} = \frac{\sum_{i=1}^{n} m_i y_i}{\sum_{i=1}^{n} m_i}$$

此外，每个刚性的物体都有重心. 重心的意义在于：当物体 A 被物体 B 支撑时，只要它的重心位于物体 B 的正上方，A 就会获得很好的平衡；如果 A 的重心超出了 B 的边缘，A 就会落下来. 对于均匀密度的物体，其实际重心就是几何中心.

因为该问题主要与重心的水平位置（重心的 x 坐标）有关，与垂直位置（重心的 y 坐标）无关，所以只要研究重心的横坐标即可.

2. 模型假设

① 所有积木的长度和重量均为一个单位；

② 参与叠放的积木足够多；

③ 每块积木的密度都是均匀的，密度系数相同；

④ 最底层的积木可以完全水平且平稳地放在地面上.

3. 模型构成

1）考虑两块积木的叠放情况

对只有两块积木的叠放，注意到此时叠放后的积木平衡主要取决于上面的积木，而下面的积木只起到支撑作用. 假设在叠放平衡的前提下，上面的积木超过下面的积木右端的最大前伸距离为 x_1，选择下面的积木的最右端为坐标原点，建立如图 2-3 所示的坐标系. 因为积木是均匀的，所以它的重心在其中心位置，且其质量可以认为是集中在重心的，于是每个积木可以认为是质量为 1 且其坐标在重心位置的质点. 因为下面的积木总是稳定的，要想上面的积木与下面的积木离开最大的位移且不掉下来，则上面的积木重心应该恰好在下面的积木的最右端位置. 因此可以得到上面的积木在位移最大且不掉下来的位置为 $\frac{1}{2}$（因为积木的长度是 1），于是上面的积木可以向右前伸的最大距离 x_1 为 $\frac{1}{2}$.

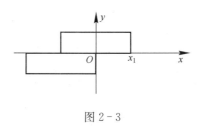

图 2-3

2）考虑 $n+1$ 块积木的叠放情况

两块积木的情况解决了，如果再加一块积木，叠放情况如何呢？如果增加的积木放在原来两块积木的上面，那么此积木是不能再向右前伸了（为什么），除非再移动下面的积木，但这样会使问题复杂化，因为这里讨论的是建模问题，不是怎样搭积木的问题. 为了便于问题的讨论，把前两块搭好的积木看作一个整体且不再移动它们之间的相对位置，而把增加的积木插入在最底下的积木下方，于是问题又归结为两块积木的叠放问题，不过这次是质量不同的两块积木的叠放问题. 这个处理可以推广到 $n+1$ 块积木的叠放问题，即假设已经叠放好 $n(n>1)$ 块积木后，再加一块积木的叠放问题.

下面就 $n+1(n>1)$ 块积木的叠放问题来讨论. 假设增加的一块积木插入最底层，选择底层积木的最右端为坐标原点建立坐标系（见图 2-4）. 考虑上面的 n 块积木的重心关系. 把上面的 n 块积木分成两部分：从最高层开始的前 $n-1$ 块积木，记它们的水平重心为 x_1，总质量为 $n-1$；与最底层积木相连的第 n 块积木，记它的水平重心为 x_2，质量为 1.

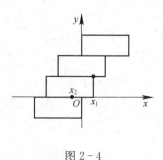

图 2 - 4

此外，把上面的 n 块积木看作一个整体，并记它的重心水平坐标为 $\bar{x}$，显然 n 块积木的质量为 n。那么，在保证平衡的前提下，上面 n 块积木的水平重心应该恰好在最底层积木的右端，即有 $\bar{x}=0$。假设第 n 块积木超过最底层积木右端的最大前伸距离为 z，同样在保证平衡的前提下，从最高层开始的前 $n-1$ 块积木总重心的水平坐标为 z，即有 $x_1=z$，而第 n 块积木的水平重心在距第 n 块积木左端的 $\frac{1}{2}$ 处，于是在图 2 - 4 的坐标系下，第 n 块积木的水平重心坐标为 $x_2=z-\frac{1}{2}$。故由重心的关系，有

$$\bar{x}=\frac{x_1 \cdot (n-1)+x_2 \times 1}{n}=\frac{z \cdot (n-1)+\left(z-\frac{1}{2}\right)}{n}=0$$

$$z \cdot (n-1)+\left(z-\frac{1}{2}\right)=0 \Rightarrow z=\frac{1}{2n}$$

于是对 3 块积木（$n=2$）的叠放，第 3 块积木的右端到第 1 块积木的右端距离最远可以前伸

$$\frac{1}{2}+\frac{1}{4}$$

对 4 块积木（$n=3$）的叠放，第 4 块积木的右端到第 1 块积木的右端距离最远可以前伸

$$\frac{1}{2}+\frac{1}{4}+\frac{1}{6}$$

对 $n+1$ 块积木的叠放，设从第 $n+1$ 块积木的右端到第 1 块积木的右端最远距离为 d_{n+1}，则有

$$d_{n+1}=\frac{1}{2}+\frac{1}{4}+\cdots+\frac{1}{2n}$$

所以当 $n \rightarrow \infty$ 时，有 $d_{n+1} \rightarrow \infty$。这说明随着积木数量的无限增加，最顶层的积木可以前伸到无限远的地方。

简评　该问题给出的启示是：当问题涉及较多对象时，对考虑的问题进行合理的分类往往会使问题变得清晰。此外，一些看似不可能的事情其实并非不可能。

2.3　圆杆堆垛问题

把若干不同半径的圆柱形钢杆水平地堆放在一个长方体箱子里，若已知每根杆的半径和最底层各杆的中心坐标，怎样求出其他杆的中心坐标？

1. 模型准备

该问题是一个解析几何问题，利用解析几何的有关结论即可求解.

2. 模型假设

① 箱中最底层的钢杆接触箱底或紧靠箱壁；

② 除最底层外，箱中的每一根圆杆都恰有两根杆支撑；

③ 箱中的钢杆至少有两层以上.

3. 模型构成

对于该问题，如果把箱中所有钢杆一起考虑会带来较多不便，现把问题分解为已知三个圆杆的半径和两根支撑杆的坐标来求另一个被支撑杆坐标的三杆堆垛问题. 如果三杆堆垛问题解决了，则可以利用它依次求得箱中其他所有圆杆的坐标了. 虽然涉及的是空间物体，但可以用其堆垛的横截面图化为平面问题来解决.

设三个圆杆中两根支撑杆的半径分别为 R_l，R_r，对应的中心坐标为 $(x_l，y_l)$，$(x_r，y_r)$，被支撑杆的半径和中心坐标分别为 R_t 和 $(x_t，y_t)$. 连接三根圆杆的中心得到一个三角形，用 $a，b，c$ 表示三条边. 另用两个支撑圆杆的中心作一个直角三角形，如图 2-5 所示，则由几何知识和三角公式，有

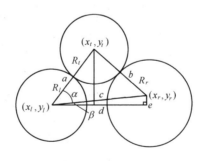

图 2-5

$$x_t = x_l + a\cos(\alpha+\beta) = x_l + a(\cos\alpha\cos\beta - \sin\alpha\sin\beta)$$
$$y_t = y_l + a\sin(\alpha+\beta) = y_l + a(\sin\alpha\cos\beta + \cos\alpha\sin\beta)$$

这里计算公式中涉及的数据由以下公式获得

$$a = R_l + R_t，\quad b = R_r + R_t，\quad d = x_r - x_l$$
$$e = y_r - y_l，\quad c = (d^2 + e^2)^{\frac{1}{2}}$$
$$\cos\beta = \frac{d}{c}，\quad \sin\beta = \frac{e}{c}，\quad \cos\alpha = \frac{a^2 + c^2 - b^2}{2ac}$$

$$\sin \alpha = (1 - \cos^2 \alpha)^{\frac{1}{2}}$$

在编程计算支撑钢杆中心的坐标时，为了能快速求出 (x_t, y_t)，可以按以下顺序编程计算求解：

$$a = R_l + R_t$$
$$b = R_r + R_t$$
$$d = x_r - x_l$$
$$e = y_r - y_l$$
$$c = (d^2 + e^2)^{\frac{1}{2}}$$
$$csb = \frac{d}{c}$$
$$snb = \frac{e}{c}$$
$$csa = \frac{a^2 + c^2 - b^2}{2ac}$$
$$sna = (1 - csa^2)^{\frac{1}{2}}$$
$$x_t = x_l + a(csa \cdot csb - sna \cdot snb)$$
$$y_t = y_l + a(sna \cdot csb + csa \cdot snb)$$

有了以上三杆问题的求解，对多于三杆的问题就可以按支撑关系及先后顺序依次求出所有其他杆的坐标. 例如，如果长方体箱子中有 6 根圆杆，已知 1、2、3 号圆杆在箱底，4 号圆杆由 1、2 号圆杆支撑，5 号圆杆由 2、3 号圆杆支撑，6 号圆杆由 4、5 号圆杆支撑，则可以调用以上三杆问题的算法，先由 1、2 号圆杆算出 4 号圆杆中心的坐标，接着再用 2、3 号圆杆算出 5 号圆杆中心的坐标，最后用 4、5 号圆杆算出 6 号圆杆中心的坐标.

简评　该题建立模型的关键是把原问题分解为一组等价的子问题，使问题简化，然后通过讨论子问题的求解来获得原问题的解决. 这种处理问题的方法可以使复杂问题变得简单、有效，是处理一些有规律复杂问题的常用方法.

2.4　公平的席位分配问题

席位分配在社会活动中经常遇到，如人大代表或职工、学生代表的名额分配，其他物质资料的分配等. 通常分配结果的公平与否以每个代表席位所代表的人数是否相等或接近来衡量. 目前沿用的惯例分配方法为按比例分配方法，即

$$某单位席位分配数 = 某单位人数比例 \times 总席位$$

按上述公式进行分配，如果一些单位的席位分配数出现小数，则先按席位分配数的整数分配席位，余下席位按所有参与席位分配单位中小数的大小依次进行分配，这种分配方法公平吗？下面来看一个学院在分配学生代表席位中遇到的问题.

某学院有甲、乙、丙三个系并设 20 个学生代表席位，其最初学生人数及学生代表席位如表 2 - 1 所示.

表 2-1　学生人数及学生代表席位情况

系　　名	甲	乙	丙	总　　数
学　生　数	100	60	40	200
学生人数比例	$\frac{100}{200}$	$\frac{60}{200}$	$\frac{40}{200}$	
学生代表席位分配	10	6	4	20

后来由于出现学生转系情况，各系学生人数及学生代表席位有所变化，如表 2-2 所示.

表 2-2　转系后学生人数及学生代表席位情况

系　　名	甲	乙	丙	总　　数
学　生　数	103	63	34	200
学生人数比例	$\frac{103}{200}$	$\frac{63}{200}$	$\frac{34}{200}$	
按比例分配学生代表席位	10.3	6.3	3.4	20
按惯例分配学生代表席位	10	6	4	20

由于总代表席位为偶数，使得在解决问题的表决中有时会出现表决平局现象而不能达成一致意见. 为了改变这一情况，学院决定再增加一个代表席位，总代表席位变为 21 个. 表 2-3 为重新按惯例分配席位的情况.

表 2-3　增加一个席位后的学生代表席位分配情况

系　　名	甲	乙	丙	总　　数
学　生　数	103	63	34	200
学生人数比例	$\frac{103}{200}$	$\frac{63}{200}$	$\frac{34}{200}$	
按比例分配学生代表席位	10.815	6.615	3.57	21
按惯例分配学生代表席位	11	7	3	21

这个分配结果导致丙系比增加席位前少一个席位，这让人觉得席位分配明显不公平. 这个结果也说明按惯例分配席位的方法有缺陷，请尝试建立更合理的分配席位方法解决上面席位分配中出现的不公平问题.

1. 模型构成

先讨论由两个单位公平分配席位的情况，具体如表 2-4 所示.

表 2-4　单位 A、B 分配席位情况

单　　位	人　　数	席　位　数	每个席位代表人数
单位 A	p_1	n_1	$\frac{p_1}{n_1}$
单位 B	p_2	n_2	$\frac{p_2}{n_2}$

要满足公平，应该有

$$\frac{p_1}{n_1}=\frac{p_2}{n_2}$$

但这一般不成立. 注意到等式不成立时，有

若 $\frac{p_1}{n_1}>\frac{p_2}{n_2}$，则说明单位 A "吃亏"（对单位 A 不公平）；

若 $\frac{p_1}{n_1}<\frac{p_2}{n_2}$，则说明单位 B "吃亏"（对单位 B 不公平）.

因此，可以考虑用 $p=\left|\frac{p_1}{n_1}-\frac{p_2}{n_2}\right|$ 来衡量分配不公平程度，不过此公式有不足之处（绝对数的特点）. 例如，某两个单位的人数和席位为 $n_1=n_2=10$，$p_1=120$，$p_2=100$，算得 $p=2$；另两个单位的人数和席位为 $n_1=n_2=10$，$p_1=1\,020$，$p_2=1\,000$，算得 $p=2$. 虽然在两种情况下都有 $p=2$，但显然第二种情况比第一种情况公平.

下面采用相对标准对公式给予改进. 定义席位分配的相对不公平标准公式如下：

若 $\frac{p_1}{n_1}>\frac{p_2}{n_2}$，定义

$$r_A(n_1, n_2)=\frac{\dfrac{p_1}{n_1}-\dfrac{p_2}{n_2}}{\dfrac{p_2}{n_2}}$$

为对单位 A 的相对不公平值；

若 $\frac{p_1}{n_1}<\frac{p_2}{n_2}$，定义

$$r_B(n_1, n_2)=\frac{\dfrac{p_2}{n_2}-\dfrac{p_1}{n_1}}{\dfrac{p_1}{n_1}}$$

为对单位 B 的相对不公平值.

由定义知，对某单位的不公平值越小，该单位在席位分配中越有利. 因此，可以用使不公平值尽量小的分配方案来减少分配中的不公平.

下面讨论通过使用不公平值的大小来确定分配方案.

设单位 A 的人数为 p_1，已经有席位数为 n_1，单位 B 的人数为 p_2，已经有席位数为 n_2. 再增加一个席位，分别分配给单位 A 和单位 B 时，有以下不公平值

$$r_B(n_1+1, n_2)=\frac{\dfrac{p_2}{n_2}-\dfrac{p_1}{n_1+1}}{\dfrac{p_1}{n_1+1}}=\frac{(n_1+1)p_2}{p_1 n_2}-1$$

$$r_A(n_1, n_2+1)=\frac{\dfrac{p_1}{n_1}-\dfrac{p_2}{n_2+1}}{\dfrac{p_2}{n_2+1}}=\frac{(n_2+1)p_1}{p_2 n_1}-1$$

对于新的席位分配，若有

$$r_B(n_1+1, n_2)<r_A(n_1, n_2+1)$$

则增加的席位应给 A，此时对不等式 $r_B(n_1+1, n_2)<r_A(n_1, n_2+1)$ 进行简化，可以得出不等式

$$\frac{p_2^2}{(n_2+1)n_2}<\frac{p_1^2}{(n_1+1)n_1}$$

引入公式

$$Q_k=\frac{p_k^2}{(n_k+1)n_k}$$

于是知道增加的席位分配可以由 Q_k 的最大值决定，它可以推广到多个组的一般情况.

用 Q_k 的最大值决定席位分配的方法称为 Q 值法.

对多个组（m 个组）的席位分配 Q 值法可以描述为：

① 先计算每个组的 Q 值，即 Q_k（$k=1,2,\cdots,m$）；

② 求出其中最大的 Q 值 Q_i（若有多个最大值任选其中一个即可）；

③ 将席位分配给最大值 Q_i 对应的第 i 组.

这种分配方法很容易编程处理.

2. 模型求解

先按应分配的整数部分分配，余下的部分按 Q 值分配. 该问题的整数名额共分配了 19 席，具体为：

甲	10.815	$n_1=10$
乙	6.615	$n_2=6$
丙	3.570	$n_3=3$

对第 20 席的分配，计算 Q 值为

$$Q_1=\frac{103^2}{10\times11}\approx96.45, \quad Q_2=\frac{63^2}{6\times7}=94.5, \quad Q_3=\frac{34^2}{3\times4}\approx96.33$$

因为 Q_1 最大，所以第 20 席应该给甲系.

对第 21 席的分配，计算 Q 值为

$$Q_1=\frac{103^2}{11\times12}\approx80.37, \quad Q_2=\frac{63^2}{6\times7}=94.5, \quad Q_3=\frac{34^2}{3\times4}\approx96.33$$

因为 Q_3 最大，所以第 21 席应该给丙系.

最后的席位分配为：甲系 11 席，乙系 6 席，丙系 4 席.

简评　该题给出的启示是对涉及较多对象的问题，可以先通过研究两个对象来找出所考虑问题的一般规律，这也是科学研究的常用方法.

注：该题若以 $n_1=n_2=n_3=1$ 开始，逐次增加一席用 Q 值法分配，也可以得到同样的结果.

2.5　中国人重姓名问题

由于中国人口的增加和中国姓名结构的局限性，中国人姓名相重的现象日渐增多，特别

是单名的出现，使重姓名问题更加严重. 重姓名现象引起的误会与带来的弊端是众所周知的. 伴随着我国经济文化的高速发展和对外交往的扩大，重姓名引起的问题将更加突出，可以说有效地克服重姓名问题即中国人姓名改革是迫在眉睫的. 因此，用合理的方法对中国人姓名进行改革非常必要. 请尝试提出一个合理且可以有效解决此问题的中国人取名方案.

1. 模型准备

首先研究中国人姓名的结构和取名习惯. 中国人的姓名是由姓和名组成的，姓在前名在后，目前姓大约有 5 730 个，但常用姓只有 2 077 个左右，名通常由两个字组成，较早时名的第一个字体现辈分，由一个家族的族谱决定，后一个字可任选. 随着家族观念的淡化，名中已经无辈分之意，人们为方便记忆，只有一个字的单字名日渐增多.

组合数学中的乘法原理和鸽笼原理可以非常简单地解释中国的重名现象. 姓名是由汉字排列而成的，构成姓名的汉字多，则姓名总数就多. 要想有效地克服重姓名问题，就应增加姓名的汉字数，因此该问题可以用排列组合理论来解决.

2. 模型假设

① 中国的所有姓名共有 N 个，其中姓有 S 个；

② 取名的方法和习惯不改变，即姓名中父亲姓氏在姓名首位.

3. 模型构成

靠机械地增加名字的个数解决重姓名问题或完全改变现有的姓名是不明智的，也是不可取的. 为扩大姓名集合并考虑到中国姓名的特色和兼顾原有取名习惯，利用排列组合的理论，提出如下体现父母姓的复姓名方式来解决重姓名问题. 引入的中国姓名取名方法称为 FM 取名方法，其中"F"和"M"分别是中文"父"（fù）和"母"（mǔ）二字的拼音首字母，同时也是英语"父"（father）和"母"（mother）二词的首字母，它表示父母之意，即"FM 姓名"是与父母有关的姓名. 一个"FM 姓名"的结构为

主姓名·辅姓名

其中，主姓名就是现在的人们所用的姓名，而辅姓名可以只是母亲的姓，也可以是用母亲姓取的另一个姓名，不过这个姓名要求名在前、姓在后，以区别于主姓名，中间的"·"是间隔号，如果用"?"和"?̄"分别表示父母姓，"＊"和"＊̄"表示对应的两个名字，则"FM 姓名"可表示为

? ＊ · ＊̄ ?̄ 或 ? ＊ · ?̄

取一个"FM 姓名"是很简单的，只要按以前的习惯，用父、母姓各取一个姓名，然后按"FM 姓名"结构的要求就得到"FM 姓名". 例如，父亲姓王，母亲姓孙，给孩子取的名字是东风和靖，则孩子的"FM 姓名"为

王东风·靖孙

如果只取一个名字，则孩子的"FM 姓名"为

王东风·孙

显然，这种"FM 姓名"对原姓名改动较小，也无须重新翻字典去找新的名字，易于在

人口普查时对全国公民的姓名做统一改动.

在一般场合或不易引起混淆的情况下，直接使用主姓名或原来的姓名即可，但是在正式场合，如译写著作、论文及发明创造、申请专利等署名时应填写完整的"FM 姓名"，这有利于中国人姓名向正规化、合理化的多字姓名过渡.

4. 模型分析

把"FM 姓名"结构和其使用规定称为"FM 姓名"体系. 由假设①，按排序原则，在"FM 姓名"体系下，"FM 姓名"集合中姓名总数变为

$$N \cdot S + N \cdot N = N \cdot (S + N)$$

其中，$N \cdot S$ 为辅姓名只有姓的"FM 姓名"总数，$N \cdot N$ 是辅姓名有姓和名的"FM 姓名"总数. 这表明"FM 姓名"体系将原来的姓名集合增加了 $S + N$ 倍. 注意到 N 是很大的，因而这种扩充较显著，而且原来的重姓名（主姓名重名）个数在"FM 姓名"体系中会减少，而"FM 姓名"样本空间又扩大了 $S + N$ 倍，由概率论知识可知，重姓名的概率将变得比原来的 $\dfrac{1}{S+N}$ 还小. 可见"FM 姓名"体系对解决重姓名问题是非常有效的.

"FM 姓名"体系具有以下优点：

① 可以有效地解决中国人重姓名问题.

② 使姓名表示更加合理. 因为按遗传学的观点，一个人最直接的血缘关系是父母，但现在的姓名中没有体现母亲这一部分，姓名中含有父母姓才是最科学的，"FM 姓名"正好体现了这点.

"FM 姓名"把辅姓名采用姓和名颠倒的方法，这样可以不被误认为是两个人的姓名或两个名字生硬搭配，从而巧妙地把主、辅姓名合成了一个名字. 虽然辅姓名不像传统的中国姓名，但它和西方国家的名在前、姓在后的姓名表示相一致，还是可以自成一体的.

另外，"FM 姓名"采用了父姓、母姓，使得姓名不能轻易改动. 因为原姓名是开放型的（只要在名字后面加上或减去一个字就得到另一个姓名），而"FM 姓名"是紧凑型的，任何改动都会留下痕迹.

③ 能有效地缓解家庭矛盾. 长期以来，家庭中孩子的姓名只反映出父姓，而对母亲姓氏则没有反映. "FM 姓名"体系有效地解决了这一矛盾，使家庭关系更加巩固，且对提高妇女的地位起到了积极作用.

④ 能有效地破除"重男轻女"的封建思想. 一直以来，孩子的姓都是沿用父姓，姓名的这种选择方式客观上支持了"重男轻女"的不良思想. "FM 姓名"体系用了父母双姓，彻底解决了孩子姓的确定问题，使男女受到平等的对待，这对于从根源上消除重男轻女的思想也起着积极的作用.

⑤ 是可行的最佳方案. 要想在中国有效地消除重姓名现象，首先要扩展足够大的姓名集合；其次新姓名要实施方便，且易被人们接受，这正是"FM 姓名"体系所具有的优点. 因为"FM 姓名"体系不改变现有的姓名称呼习惯，又具有母亲姓，将会得到广大家庭的支持，从而使它可行. 而且一个现有的姓名改为"FM 姓名"，修改工作量较小，不论是把现有的姓名变为一个"FM 姓名"，还是给新生儿取"FM 姓名"都是很简单方便的.

简评 "FM 姓名"体系虽然简单且在建模中只使用了较简单的重复排列和组合的数学方法，但作者对模型的说明解释非常到位，使得模型很有特点. 该问题给出的启示是：在完

成一个数学建模问题时，要遵循在保证解决问题的前提下尽量使用简单的数学方法建模．另外，对所得模型的令人信服的科学解释也是非常必要的．

2.6　实物交换问题

甲有玉米若干千克，乙有山羊若干只，因为各自的需要，甲、乙想交换彼此的东西，问怎样做才能完成交换活动？

1. 模型准备

实物交换问题在个人之间或国家之间的各类贸易活动中经常遇到．通常，交换的结果取决于交换双方对所交换物品的偏爱程度．由于偏爱程度是一个模糊概念，较难给出一个确切的定量关系，此时可以采用图形法的建模方式来描述双方该如何交换物品才能完成交换活动．

2. 模型假设

① 交换不涉及其他因素，只与交换双方对所交换物品的偏爱程度有关；

② 交换按等价交换原则进行．

3. 模型构成

设交换前甲有玉米 X 千克，乙有山羊 Y 只，交换后甲有玉米 x 千克、山羊 y 只，则在交换后乙有玉米 $X-x$ 千克、山羊 $Y-y$ 只．于是可以用一个平面坐标中的二维点坐标 (x, y) 来描述交换方案，而这些坐标点满足 $0 \leqslant x \leqslant X$，$0 \leqslant y \leqslant Y$，即交换只在这个平面矩形区域内发生．引入二维点坐标后，把所考虑的范围限制在一个有限的平面区域中，从而使问题简化．但这还不够，因为交换只是在其中的一个点发生．为了找到这个点，由假设①，引入如下衡量偏爱程度的无差别曲线概念．

注意到对甲方来说，交换后其对占有不同数量的玉米和山羊满意度是不同的，显然其满意度是 x，y 的函数 $f(x, y)$．由于交换后某方认为同样满意的情况一般不只一种，如对甲来说，占有 x_1 数量的玉米、y_1 数量的山羊与占有 x_2 数量的玉米、y_2 数量的山羊可以达到同样的满足感 c_1，因此有 $f(x_1, y_1)=f(x_2, y_2)=c_1$，这说明对甲方来说交换结果在点 $P_1(x_1, y_1)$ 和 $P_2(x_2, y_2)$ 是没有差别的，而所有与点 $P_1(x_1, y_1)$ 具有同样满意度的点组成一条对甲满意度无差别的曲线 $f(x, y)=c_1$．类似地，如果把甲在交换后的满足感 c_1 修改为 c_2，就可以得到另一条对甲无差别的曲线 $f(x, y)=c_2$．因此甲有无数条无差别曲线，将所有这些无差别曲线表示为 $f(x, y)=c$，式中 c 称为在点 (x, y) 的满意度．

无差别曲线是一条由隐函数确定的平面曲线或可以看成二元函数 $f(x, y)$ 的等高线，虽然 $f(x, y)$ 没有具体的表达式，但仍然可以讨论这族无差别曲线的特点．

无差别曲线 $f(x, y)=c$ 具有以下特点：

① 无差别曲线是彼此不相交的．因为若两条无差别曲线相交，则在交点处具有两个不同的满意度，这与无差别曲线定义矛盾．

② 无差别曲线是单调递减的．由交换常识可知，在满意度一定的前提下，交换的两种物品成反比关系．

③ 满意度大的无差别曲线在满意度小的无差别曲线上方．因为对甲来说，用同样的玉

米换取更多的山羊会更满意.

④ 无差别曲线是下凸的. 因为交换的特点是物以稀为贵. 当某人拥有较少的物品时, 他愿意用其较少部分物品换取较多的另一种物品; 反之, 当他拥有较多的物品时, 他愿意用其较多部分物品换取较少的另一种物品. 这在数学上可以描述为当 x 较小时, 交换是用较少的 Δx 换取较多的 Δy; 当 x 较大时, 交换是用较多的 Δx 换取较少的 Δy. 具有这种特点的曲线是下凸的, 如图 2-6 所示. 于是可以画出对甲的无差别曲线族图形, 如图 2-7 所示.

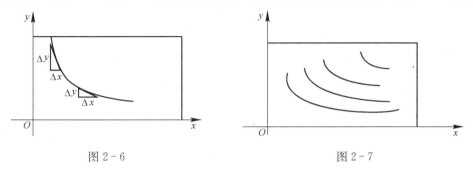

图 2-6　　　　　　　　　　　　　　　图 2-7

类似地, 可以得到对乙的无差别曲线

$$g(x, y) = d$$

由于交换是在甲、乙之间进行的, 甲方的物品减少对应乙方物品的增加, 反之亦然. 将双方的无差别曲线画在一起可以观察到交换的发生特点, 具体画法见图 2-8.

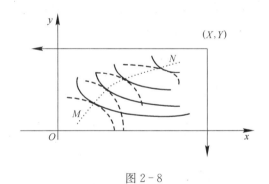

图 2-8

于是在交换区域中, 任何一点都有甲和乙各一条无差别曲线通过. 甲、乙两条无差别曲线的交点表示甲、乙交换发生. 两族无差别曲线中的曲线彼此发生相交的情况只有相切于一点或者相交于两点的可能. 如果交点不是切点, 则过此点的甲、乙两条无差别曲线还在另一点相交, 故由无差别曲线的定义知, 在这两条曲线上甲、乙具有同样的满意度, 而这是不可能的. 因为这两条曲线中一条是下凸的, 另一条是上凸的, 过所围区域内任一点的无差别曲线具有与这两条无差别曲线不同的满意度, 且一定与其中一条相交, 这就导致在同一交点处对某方来说有两种满意度的情况, 因此交点不是切点时不发生实际交换. 由简单分析可知, 两条无差别曲线相切于一点的点都可以发生实际交换, 这些相切于一点的点构成交换区域的一条曲线, 记为 MN, 称其为交换路径. 这样借助无差别曲线将交换方案从矩形区域缩小为其中的一条交换路径曲线 MN 上.

关于实际交换究竟在交换路径曲线 MN 的哪一点上发生，要借助交换原则来确定. 由假设②，交换按等价交换的原则. 设玉米的价格为每千克 p 元，山羊的价格为每只 q 元，则交换前甲拥有玉米的价值为 pX，乙拥有山羊的价值为 qY. 若交换前甲、乙拥有物品的价值相同，即 $pX=qY$，则交换发生后，甲方拥有玉米和山羊的价值为 $px+qy$，乙方拥有玉米和山羊的价值为 $p(X-x)+q(Y-y)$，按等价交换的原则有 $px+qy=p(X-x)+q(Y-y)$. 利用关系 $pX=qY$，可以得出实际交换的点 (x,y) 满足关系式

$$\frac{x}{X}+\frac{y}{Y}=1$$

此曲线是一条直线，在交换路径坐标系中画出该直线就得到实际交换发生的点（见图 2-9），至此就找到了实际交换的方案.

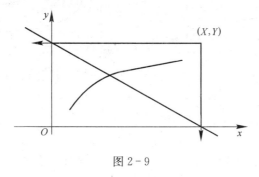

图 2-9

简评 该题巧妙地用图形方法建模解决了涉及不易定量表示的模糊概念建模问题，其中在建模中引入的无差别曲线概念及对无差别曲线的讨论很有特点，它给出了怎样研究和了解没有具体关系式函数特征的一种方法.

2.7 椅子摆放问题

椅子能在不平的地面上放稳吗？下面用数学建模的方法解决此问题.

1. 模型准备

仔细分析该问题的实质，发现该问题与椅子脚、地面及椅子脚和地面是否接触有关. 如果把椅子脚看成平面上的点，并引入椅子脚和地面距离的函数关系就可以将问题与平面几何和连续函数联系起来，从而可以用几何知识和连续函数知识来进行数学建模.

2. 模型假设

为了讨论问题方便，对问题进行简化，先做出以下三个假设：

① 椅子的四条腿一样长，椅子脚与地面接触可以视为一个点，且四脚连线是正方形（对椅子的假设）；

② 地面高度是连续变化的，沿任何方向都不出现间断（对地面的假设）；

③ 椅子放在地面上至少有三只脚同时着地（对椅子和地面之间关系的假设）.

3. 模型构成

根据上述假设进行该问题的模型构成. 用变量表示椅子的位置，引入平面图形及坐标

系，如图 2-10 所示. 图中 A、B、C、D 为椅子的四只脚，坐标系原点选为椅子中心，坐标轴选为椅子四只脚的对角线. 于是由假设②，椅子的移动位置可以由正方形沿坐标原点旋转的角度 θ 来唯一表示，而且椅子脚与地面的垂直距离就成为 θ 的函数. 注意到正方形的中心对称性，可以用椅子的相对两个脚与地面的距离之和来表示这对应两个脚与地面的距离关系，这样用一个函数就可以描述椅子两个脚是否着地的情况. 于是引入两个函数即可描述椅子四个脚是否着地的情况.

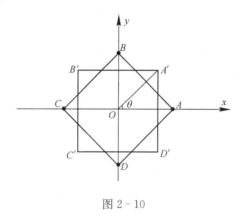

图 2-10

记函数 $f(\theta)$ 为椅子脚 A、C 与地面的垂直距离之和，函数 $g(\theta)$ 为椅子脚 B、D 与地面的垂直距离之和，则有 $f(\theta) \geqslant 0$，$g(\theta) \geqslant 0$，且它们都是 θ 的连续函数. 由假设③，对任意的 θ，$f(\theta)$、$g(\theta)$ 至少有一个为零，不妨设当 $\theta=0$ 时，$f(0)>0$，$g(0)=0$，故问题可以归为证明以下数学命题：

数学命题（问题的数学模型）　已知 $f(\theta)$、$g(\theta)$ 都是 θ 的非负连续函数，对任意的 θ，有 $f(\theta)g(\theta)=0$，且 $f(0)>0$，$g(0)=0$，则存在 θ_0，使得 $f(\theta_0)=g(\theta_0)=0$.

4. 模型求解

证明：将椅子旋转 $90°$，对角线 AC 与 BD 互换，故 $f(0)>0$，$g(0)=0$ 变为 $f\left(\dfrac{\pi}{2}\right)=0$，$g\left(\dfrac{\pi}{2}\right)>0$. 构造函数 $h(\theta)=f(\theta)-g(\theta)$，则有 $h(0)>0$，$h\left(\dfrac{\pi}{2}\right)<0$，且 $h(\theta)$ 也是连续函数. 显然，$h(\theta)$ 在闭区间 $\left[0, \dfrac{\pi}{2}\right]$ 上连续. 由连续函数的零点定理知，必存在一个 $\theta_0 \in \left(0, \dfrac{\pi}{2}\right)$，使得 $h(\theta_0)=0$，即存在 $\theta_0 \in \left(0, \dfrac{\pi}{2}\right)$，使得 $f(\theta_0)=g(\theta_0)$. 由于对任意的 θ，有 $f(\theta)g(\theta)=0$，特别有 $f(\theta_0)g(\theta_0)=0$，于是 $f(\theta_0)$、$g(\theta_0)$ 至少有一个为零，从而有 $f(\theta_0)=g(\theta_0)=0$.

简评　该问题初看起来似乎与数学没有什么关系，不易用数学建模来解决，但通过以上处理把问题变为一个数学定理的证明，使其可以用数学建模来解决，从中可以看到数学建模的重要作用. 该问题给出的启示是：对于一些表面上与数学没有关系的实际问题也可以用数学建模的方法来解决，此类问题建模的着眼点是寻找、分析问题中出现的主要对象及其隐含的数量关系，通过适当简化与假设将它变为数学问题.

习题与思考

1. 双层玻璃功效问题建模案例可以给出什么启示?

2. 公平席位分配问题的席位公式 $Q_k = \dfrac{p_k^2}{n_k(n_k+1)}$ 是怎样得出的?

3. 中国人重姓名问题数学建模案例中的模型准备、模型假设是什么? 该案例给你什么启示?

4. 通过对本章的学习,你对数学建模有哪些新的认识?

5. 请尝试在你学过的知识中找出一个数学建模案例.

6. 用数学建模的方法说明销量极大的易拉罐(如可口可乐饮料罐)设计的合理性.

7. 某学院有 8 个专业的研究生共 148 人,其中各专业的人数分别为:11 人,3 人,8 人,45 人,4 人,40 人,3 人,34 人,假设学校拨给学院奖学金名额的等级及比例为

等级	一等	二等	三等	四等
比例	40%	20%	20%	20%

请用数学建模的方法给该学院设计一个合理的分配奖学金名额的方法和具体的名额分配方案.

8. (道路交通路口车辆、行人停止线位置问题)在道路交叉的每个路口常设有机动车、非机动车和行人停止线来避免车辆和行人穿越路口时出现拥堵和事故发生. 车辆和行人在停止线处是等待还是通行由路口的信号灯控制. 道路通行规定:绿灯亮时,准许通行,但转弯的车辆不得妨碍被放行的直行车辆、行人通行;黄灯亮时,已越过停止线的车辆和行人可以继续通行;红灯亮时,禁止车辆和行人通行.

如果在兼顾车辆和行人都能比较满意地通过路口的条件下,想使路口通行量尽可能大,那么这些停止线应该怎样画? 画在路口的何处? 请用数学建模的方法解决此问题并给出根据数学模型得出的具体道路交通路口车辆、行人停止线位置. 同时用模型说明目前道路交叉的每个路口的机动车、非机动车和行人停止线位置是否合理.

第 3 章　经济问题模型

在人类社会中，经济活动是最为活跃的活动之一. 小到个人，大到企业和国家，每天都要与经济问题打交道. 本章将介绍几个有代表性的经济模型，以此帮助读者了解用数学建模解决经济问题的一些方法.

3.1　日常生活中的经济模型

一般人日常生活中遇到最多的经济问题是存款问题、贷款问题和养老金问题，本节不做过多的理论解释，而是通过案例的形式分别给出这些问题的解决方法和数学模型，读者可以通过这些案例的学习，了解这类问题的建模过程和解决方法.

3.1.1　连续利率问题

某银行为吸引储户来存款，出台了一个特殊存款理财品种. 该品种的政策是允许储户在一年期间可以任意次结算，但要求储户存款的最低金额为 10 万元且存款时间至少 1 年. 假设该银行年利率为 5%，某储户买了 10 万元的这个存款理财品种，随后他在一年的存款期间等间隔地结算 n 次，每次结算后将本息全部存入银行，问在不计利息税的情况下，一年后该储户的本息和是多少？

解　设 a_n（$n=0,1,2,\cdots$）表示在一年的存款期间里等间隔结算 n 次一年后该储户的本息和. 为得出该计算公式，先做以下分析.

若该储户每季度结算一次，则每季度利率为 $\dfrac{0.05}{4}$，一年要结算 4 次：

第一季度后储户本息共计：$100\,000\left(1+\dfrac{0.05}{4}\right)$；

第二季度后储户本息共计：$100\,000\left(1+\dfrac{0.05}{4}\right)^2$；

第三季度后储户本息共计：$100\,000\left(1+\dfrac{0.05}{4}\right)^3$；

由此得出一年后该储户本息共计

$$a_4=100\,000\left(1+\dfrac{0.05}{4}\right)^4$$

若该储户每月结算一次，则月利率为 $\dfrac{0.05}{12}$，一年要结算 12 次. 按上面的方法易得一年后储户本息共计为

$$a_{12}=100\,000\left(1+\dfrac{0.05}{12}\right)^{12}$$

观察规律可知，若该储户一年里等间隔地结算 n 次，则一年后本息共计数学模型为

$$a_n = 100\,000\left(1+\frac{0.05}{n}\right)^n$$

计算出几个 a_n 值后会发现结算次数越多，一年后得到的本息和越多，如有

$$a_1 = 105\,000, \quad a_4 = 105\,095, \quad a_{12} = 105\,116$$

那么这种增加是否是不断增大的呢？回答是否定的. 实际上，当结算次数不断增加，在上式中令 $n \to \infty$，有

$$\lim_{n\to\infty} 100\,000\left(1+\frac{0.05}{n}\right)^n = 100\,000 e^{0.05}$$

结果说明，这种存款理财产品虽然会随着结算次数的增加使储户一年后储户的本息和比一年的定期存款多一点，但由于

$$100\,000 e^{0.05} - 100\,000 \times (1+5\%) \approx 100\,000 \times 0.127\%$$

故一年期间多次结算得到的本息和比一年定期存款多的金额不会超过储户存款金额的 0.13%.

3.1.2　贷款问题

小王夫妇打算贷款买一辆 11 万元的轿车用于家庭活动. 他们选择了首付 30%、余额贷款的方式购买. 假设他们打算每月偿付固定的钱款分 12 个月还清银行贷款，则他们每月要还多少钱？

解　因为要 12 个月还清贷款，故要选择银行的一年贷款. 假设当年的年贷款利率为 6.57%，故分配到每月上的利率就是 0.065 7÷12. 此外，他们选择了首付 30%，则还欠车款的金额为

$$110\,000 - 110\,000 \times 30\% = 77\,000(元)$$

为此，他们向银行借了为期一年的贷款 77 000 元. 为确定每月的还款金额，用 $b_n(n=0,1,2,\cdots)$ 表示贷款第 n 个月该夫妇所欠银行的钱数，r 是贷款的月利率，x 是每月还款金额，由题意有

$$b_{n+1} = b_n + rb_n - x = (1+r)b_n - x$$

整理有数学模型

$$\begin{aligned}b_n &= (1+r)^n b_0 - ((1+r)^{n-1}+(1+r)^{n-2}+\cdots+(1+r)+1)x \\ &= (1+r)^n b_0 - x\frac{(1+r)^n-1}{r} \quad (n=0,1,\cdots)\end{aligned}$$

因为 $r = 0.065\,7/12 = 0.547\,5\%$，$b_0 = 77\,000$，$b_{12}=0$，于是有

$$x = \frac{r(1+r)^{12}b_0}{(1+r)^{12}-1} = 6\,647.31(元)$$

故小王夫妇每月要还 6 647.31 元.

假设某人贷款额为 B 元，贷款机构的贷款月利率为 r，其每月偿付固定的钱款为 x 元，同样设 $b_n(n=0,1,2,\cdots)$ 表示贷款第 n 个月该贷款人所欠银行的钱数，则有一般的贷款问题数学模型为

$$b_n = (1+r)^n B - x\frac{(1+r)^n-1}{r}, \quad n=0,1,\cdots$$

3.1.3　养老金问题

养老金是为退休目的而规划的一种存取款品种. 通常人们可以在年轻时按月存入一定数额的钱款, 然后在自己退休后按月从先前的存款账户中支取固定的钱款用于生活. 养老金对存入的存款付给活期存款利息并允许每月有固定数额的提款, 直到提尽为止.

假设某人从现在开始, 每月的第一天存 500 元到养老金账户, 一直存 20 年. 在银行活期率为 1% 的前提下, 他 20 年后的养老金账户有多少元? 如果从 21 年后的每个月末支取 500 元, 他能支取多长时间?

解　因为 20 年有 240 个月, 设 a_n ($n=1,2,\cdots,240$) 表示第 n 个月此人养老金账户的存款金额, r 表示活期存款的月利率, 因为活期存款的利率也是年利率, 故有

$$r=\frac{0.01}{12}=\frac{1}{1\,200}, \quad a_0=0$$

$$a_{n+1}=(1+r)a_n+500$$

整理有数学模型

$$a_n=(1+r)^n a_0+500\left[(1+r)^{n-1}+(1+r)^{n-2}+\cdots+(1+r)+1\right]$$

$$a_n=500\frac{(1+r)^n-1}{r}, \quad n=1,\ 2,\ \cdots,\ 240$$

他 20 年后的养老金账户的存款为 $a_{240}\approx132\,781$ 元.

从 21 年后, 他每月末支取 500 元, 设 b_n ($n=0,\ 1,\ 2,\ \cdots$) 表示其从第 21 年开始的第 n 个月的支取后, 其养老金账户的余额, 则有

$$b_{n+1}=b_n+rb_n-500=(1+r)b_n-500$$

整理后, 有

$$b_n=(1+r)^n b_0-500\frac{(1+r)^n-1}{r}, \quad n=0,\ 1,\ \cdots$$

要回答他能支取多长时间, 就要求出上式中满足 $b_n\geq0$ 的最大 n. 该式不易用解析式求出, 我们采用直接计算的方式求之. 由 $r=1/1\,200$, $b_0=a_{240}=132\,781$ 元代入算得临界点为

$$b_{300}\approx141, \quad b_{301}\approx-358$$

由此得知, 此人从第 21 年开始可以连续领取 300 个月.

注意到该储户只按月连续存了 240 个月的 500 元, 但可以在 20 年后连续支取 300 个月的 500 元, 若不考虑通胀因素, 这一点还是比较诱人的.

3.2　商品广告模型

1. 问题的提出

无论你是听广播, 还是看报纸, 或是收看电视, 经常可看到、听到商品广告. 随着社会向现代化方向发展, 商品广告对企业生产所起的作用越来越得到社会的承认和人们的重视. 商品广告确实是调整商品销售量的强有力手段. 然而, 你是否了解广告与销售之间的内在联系? 如何评价不同时期的广告效果? 这个问题对于生产企业、对于那些为推销商品做广告的企业极为重要. 请建立独家销售的广告模型.

2. 模型假设

① 商品的销售速度会因做广告而增加，但增加是有一定限度的．当商品在市场上趋于饱和时，销售速度将趋于它的极限值；当销售速度达到它的极限值时，无论再做何种形式的广告，销售速度都将减慢．

② 商品销售速度随商品的销售率增加而减小，因为自然衰减是销售速度的一种性质．

3. 符号说明

$s(t)$：t 时刻商品销售速度；

$A(t)$：t 时刻广告水平（以费用表示）；

$r(s)$：销售速度的净增长率；

M：销售的饱和水平，即市场对商品的最大容纳能力，它表示销售速度的上极限；

λ：衰减因子，是广告作用随时间增加而商品销售速度自然衰减的速度，$\lambda > 0$ 为常数．

4. 模型建立

因为商品销售速度的变化关系为

$$商品销售速度的变化率＝销售速度净增长率－销售速度自然衰减率$$

为描述商品销售速度的增长，由假设①知商品销售速度的净增长率 $r(s)$ 应该是商品销售速度 $s(t)$ 的减函数，并且在销售饱和水平 M 处，有 $r(M)=0$. 为简单起见，假设 $r(s)$ 为满足 $r(M)=0$ 的 $s(t)$ 的线性减函数

$$r(s)=P\left(1-\frac{s(t)}{M}\right)$$

其中，用 P 表示响应系数，表示广告水平 $A(t)$ 对商品销售速度 $s(t)$ 的影响能力，P 为常数．

由导数的含义，可建立本问题的如下数学模型：

$$\frac{\mathrm{d}s}{\mathrm{d}t}=P\left(1-\frac{s}{M}\right)A(t)-\lambda s \qquad\qquad (3-1)$$

5. 模型求解

从模型方程可知，当 $s=M$ 或 $A(t)=0$ 时，都有

$$\frac{\mathrm{d}s}{\mathrm{d}t}=-\lambda s$$

表示销售达到饱和水平或没投入广告宣传，此时商品的销售速度只能是自然衰减．

为求解模型（3-1），选择在时间 $(0,\tau)$ 内均匀投放广告、其他时间不做广告的广告策略，其数学表示就是

$$A(t)=\begin{cases} A（常量）, & 0<t<\tau \\ 0, & t \geqslant \tau \end{cases}$$

① 当 $0<t<\tau$ 时，若用于广告的总费用为 a，则 $A=\dfrac{a}{\tau}$，代入模型方程有

$$\frac{\mathrm{d}s}{\mathrm{d}t}+\left(\lambda+\frac{P}{M}\cdot\frac{a}{\tau}\right)s=P\cdot\frac{a}{\tau}$$

令 $\lambda + \dfrac{P}{M} \cdot \dfrac{a}{\tau} = b$，$P \cdot \dfrac{a}{\tau} = k$，则有 $\dfrac{ds}{dt} + bs = k$，其解为

$$s(t) = Ce^{-bt} + \frac{k}{b}$$

若令 $s(0) = s_0$，则

$$s(t) = \frac{k}{b}(1 - e^{-bt}) + s_0 e^{-bt}$$

　　② 当 $t \geq \tau$ 时，模型（3-1）变为

$$\frac{ds}{dt} = -\lambda s$$

其通解为 $s = Ce^{-\lambda t}$，而 $t = \tau$ 时 $s(t) = s(\tau)$，所以

$$s(t) = s(\tau) e^{\lambda(\tau - t)}$$

综合之，有本问题的解

$$s(t) = \begin{cases} \dfrac{k}{b}(1 - e^{-bt}) + s_0 e^{-bt}, & 0 < t < \tau \\ s(\tau) e^{\lambda(\tau - t)}, & t \geq \tau \end{cases}$$

$s(t)$ 的图形如图 3-1 所示.

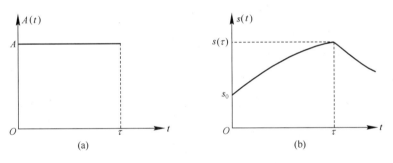

图 3-1

6. 模型讨论

　　① 生产企业若保持稳定销售，即 $\dfrac{ds}{dt} = 0$，那么可以根据模型估计采用广告水平 $A(t)$，即由 $PA(t)\left(1 - \dfrac{s(t)}{M}\right) - \lambda s(t) = 0$，可得到

$$A(t) = \frac{\lambda s}{P\left(1 - \dfrac{s}{M}\right)}$$

　　② 从图形上可知，在销售水平比较低的情况下，增加单位广告产生的效果比销售速度 s 接近极限速度 M 的水平时增加广告所取得的效果更显著.

　　③ 要得到某种商品的实际销售速度，可以采用离散化方式得到模型中的参数 P、M 和 λ，方法为将模型（3-1）离散化，得

$$s(n+1)-s(n)=PA(n)\left(1-\frac{s(n)}{M}\right)-\lambda s(n)$$

上式是关于数 P、M 和 λ 的线性方程（严格地说应该是 P，P/M 和 λ 的线性方程），代入若干个月的销售数据，并利用最小二乘法可以得到 P、M 和 λ 的估计值.

广告策略公式还可以选择其他形式，由此会得出新的数学模型. 在实际中广告策略公式到底选用什么形式，应该由实际问题来决定. 例如，如果只有一组在不同时刻所花费的广告费用的调查数据：$\{t_k,A(t_k)\}$，$k=0,1,\cdots,n$，则可以选择该数据的拟合函数来作为广告策略公式.

3.3　经济增长模型

1. 问题的提出

大到一个国家的国民生产总值，小到一个企业中某种产品的生产量，其值通常取决于相关的生产资料、劳动力等重要因素，这些因素之间究竟存在何种依赖关系，进而劳动生产率提高的条件是什么？

2. 模型假设

① 生产量只取决于生产资料（厂房、设备、技术革新等）和劳动力（数量、素质等）；生产量、生产资料和劳动力都是随着时间的变化而不断改变的；

② 劳动力服从指数增长规律，相对增长率为常数 ρ；生产资料的增长率正比于生产量；

③ 劳动生产率可由生产量与劳动力之比来表征.

3. 符号说明

符号	t	Q	K	L	Z
含义	时间	生产量	生产资料	劳动力	劳动生产率

4. 模型建立与求解

由假设①，有如下函数关系

$$Q=f(K,L),\quad Q=Q(t),\quad K=K(t),\quad L=L(t)$$

在正常情况下，生产资料越多，可以达到的生产量就越多. 另外，在劳动力越多时，如果不考虑人员冗余会导致劳动效率的极端低下，则生产总量也会越多. 因此，用数学语言来描述就是 $Q=f(K,L)$ 关于 K，L 均单调递增，它对应

$$\frac{\partial Q}{\partial K},\quad \frac{\partial Q}{\partial L}\geqslant 0$$

1）道格拉斯（Douglas）生产函数

在实际生产中，人们关心的往往是生产的增产量，而不是绝对量，因此定义生产资料指数 $i_K(t)$、劳动力指数 $i_L(t)$ 和总产量指数 $i_Q(t)$ 分别为

$$i_Q(t)=\frac{Q(t)}{Q(0)},\quad i_L(t)=\frac{L(t)}{L(0)},\quad i_K(t)=\frac{K(t)}{K(0)} \tag{3-2}$$

显然，这三个量与度量单位无关，因此分别称为"无量纲化"的生产资料、劳动力与总产量. 例如，在表 3-1 中，列出了美国马萨诸塞州 1890—1926 年的生产资料指数 $i_K(t)$、劳动力指数 $i_L(t)$ 和总产量指数 $i_Q(t)$ 的一组统计数据，取 1899 年为基年，即 $t=0$，则 $i_L(6)=1.3$，$i_K(6)=1.37$，$i_Q(6)=1.42$，这与当时生产资料、劳动力及总产量的具体数量无关.

表 3-1　美国马萨诸塞州 1890—1926 年 $i_K(t)$、$i_L(t)$、$i_Q(t)$ 数据

t	$i_K(t)$	$i_L(t)$	$i_Q(t)$	t	$i_K(t)$	$i_L(t)$	$i_Q(t)$	t	$i_K(t)$	$i_L(t)$	$i_Q(t)$
-9	0.95	0.78	0.72	4	1.22	1.22	1.30	17	3.61	1.86	2.09
-8	0.96	0.81	0.78	5	1.27	1.17	1.30	18	4.10	1.93	1.96
-7	0.99	0.85	0.84	6	1.37	1.30	1.42	19	4.36	1.96	2.20
-6	0.96	0.77	0.73	7	1.44	1.39	1.50	20	4.77	1.95	2.12
-5	0.93	0.72	0.72	8	1.53	1.47	1.52	21	4.75	1.90	2.16
-4	0.86	0.84	0.83	9	1.57	1.31	1.46	22	4.54	1.58	2.08
-3	0.82	0.81	0.81	10	2.05	1.43	1.60	23	4.54	1.67	2.24
-2	0.92	0.89	0.93	11	2.51	1.58	1.69	24	4.58	1.82	2.56
-1	0.92	0.91	0.96	12	2.63	1.59	1.81	25	4.58	1.60	2.34
0	1.00	1.00	1.00	13	2.74	1.66	1.93	26	4.58	1.61	2.45
1	1.04	1.05	1.05	14	2.82	1.68	1.95	27	4.54	1.64	2.58
2	1.06	1.08	1.18	15	3.24	1.65	2.01				
3	1.16	1.18	1.29	16	3.24	1.62	2.00				

从表 3-1 可知，在正常的经济发展过程中（除个别年份外，如 1908 年），上述三个指标都是随时间增长的，但是很难直接从表中发现具体的经济规律. 为了进行定量分析，定义两个新变量

$$\xi(t)=\ln\frac{i_L(t)}{i_K(t)}, \quad \psi(t)=\ln\frac{i_Q(t)}{i_K(t)} \quad (t=-9,\cdots,27) \tag{3-3}$$

根据表中数据，在直角坐标系上作 $\{(\xi(t)，\psi(t))\,|\,t=-9,\cdots,27\}$ 的散点图，发现 $\xi(t)$，$\psi(t)$ 基本上成正比例关系（散点位于一条通过原点的直线附近），如图 3-2 所示.

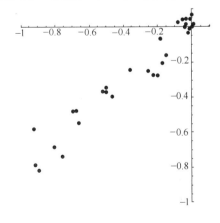

图 3-2

利用数据拟合，作一元线性回归曲线，得

$$\psi = 0.733\,674\xi$$

这一结果并非偶然，事实上它后来被更多地区或国家的统计数据所肯定：存在常数 $\gamma \in (0,1)$，使得 ξ,ψ 之间的关系为

$$\psi = \gamma\xi \tag{3-4}$$

当然对常数 $\gamma \in (0,1)$，其取值通常和相应地区或国家的经济发展阶段及主要产业结构类型等因素有关. 由式(3-2)、式(3-3)、式(3-4)可得

$$i_Q(t) = i_L^{\gamma}(t) i_K^{1-\gamma}(t) \tag{3-5}$$

即

$$Q(t) = aL^{\gamma}(t)K^{1-\gamma}(t) \tag{3-6}$$

其中，$a = Q(0)L^{-\gamma}(0)K^{-(1-\gamma)}(0)$. 这就是著名的 Cobb - Douglas（柯布-道格拉斯）生产函数.

对式(3-6)两边取对数，然后再对 t 求导，得

$$\frac{\dot{Q}(t)}{Q(t)} = \gamma \cdot \frac{\dot{L}(t)}{L(t)} + (1-\gamma) \cdot \frac{\dot{K}(t)}{K(t)} \tag{3-7}$$

即生产量 $Q(t)$、生产资料 $K(t)$ 和劳动力 $L(t)$ 三者的相对增长率服从简单的线性规律. 其中系数 γ、$1-\gamma$ 分别为产量对劳动力、生产资料的弹性系数，表示劳动和资本在生产过程中的相对重要性，其经济含义为：

当 $\gamma \to 1_{-0}$ 时，产量增长率对劳动力增长率的响应要比对生产资料增长率的响应大得多；

当 $\gamma \to 0_{+0}$ 时，产量增长率对劳动力增长率的响应要比对生产资料增长率的响应小得多.

式(3-7)是经济增长率的数学模型，该模型中除非知道劳动力和生产资料的增长率，否则无法从式(3-7)得到产量增长率的表达式.

2) 劳动生产率增长的条件

根据模型假设，劳动生产率 $Z(t) = \dfrac{Q(t)}{L(t)}$，其持续增长的条件应为 $\dot{Z}(t) > 0$ 恒成立. 由于讨论的几个主要经济变量通常均恒取正值，故可以等价地用劳动生产率的相对增长率 $\dfrac{\dot{Z}(t)}{Z(t)} > 0$ 来表示.

将 $Q(t) = aL^{\gamma}(t)K^{1-\gamma}(t)$ 代入 $Z(t) = \dfrac{Q(t)}{L(t)}$，得

$$Z(t) = aL^{\gamma-1}(t)K^{1-\gamma}(t)$$

两边同时取对数，然后对 t 求导，可得

$$\frac{\dot{Z}(t)}{Z(t)} = (1-\gamma)\left[\frac{\dot{K}(t)}{K(t)} - \frac{\dot{L}(t)}{L(t)}\right] \tag{3-8}$$

令其恒取正值，得等价条件

$$\frac{\dot{K}(t)}{K(t)} > \frac{\dot{L}(t)}{L(t)}$$

恒成立，即生产资料的相对增长率恒大于劳动力的相对增长率.

根据模型假设②，$K(t)$、$L(t)$ 满足如下初值问题

$$\begin{cases} \dot{L}(t)=\rho L(t) \\ \dot{K}(t)=\sigma Q(t) \\ Q(t)=aK^{1-\gamma}(t)L^{\gamma}(t) \\ K(0)=K_0, \quad L(0)=L_0 \end{cases}$$

解得

$$L(t)=L_0 e^{\rho t}, \quad K^{\gamma}(t)=K_0^{\gamma}+\frac{\sigma a}{\rho}\cdot L_0^{\gamma}\cdot(e^{\rho t}-1) \tag{3-9}$$

因此这一具体经济增长模式为

$$\frac{\dot{K}(t)}{K(t)}-\frac{\dot{L}(t)}{L(t)}=\left[\frac{\dot{K}(0)}{K_0}-\frac{\dot{L}(0)}{L_0}\right]\left(\frac{K_0}{K(t)}\right)^{\gamma} \tag{3-10}$$

其恒取正值的充分必要条件为

$$\frac{\dot{K}(0)}{K_0}-\frac{\dot{L}(0)}{L_0}>0$$

其经济意义为：只要在初始时生产资料的相对增长率大于劳动力的相对增长率，就能保证劳动生产率的不断增长；反之，劳动生产率会不断降低．由此可见，早期投资是有决定性意义的．

由式(3-8)、式(3-10)得

$$\frac{\dot{Z}(t)}{Z(t)}=(1-\gamma)\left[\frac{\dot{K}(0)}{K_0}-\frac{\dot{L}(0)}{L_0}\right]\left(\frac{K_0}{K(t)}\right)^{\gamma}$$

结合式(3-9)知，当 $t\to\infty$ 时，上式右端趋于零，这说明劳动生产率最终趋于一个常数值．

5. 模型应用

实际生产往往不只涉及两种生产资料，但是如果认为劳动是指人类在生产过程中提供的体力和智力的总和，而资本包括实物形式的生产资料等资本品和货币形式的资本，则可以认为企业生产产品时，仅考虑两种可变生产要素，即劳动和资本，从而可以简化模型，进行大概的预测．

3.4　市场经济中的蛛网模型

1. 问题的提出

在市场经济中经常看到的是：当某种商品的上市量远大于需求量时，就会出现价格下降的情况，以致生产者为了自己不赔或少赔钱，在后续的生产中就不生产或少生产该商品．但这样做的结果是导致该商品上市量变少使该商品供不应求又导致价格上涨，此时生产者看到有利可图，又重操旧业大量生产该商品，以致下个时期又重现价格下降的情况．如果没有外界的干预，该情况会不断循环出现．这样的事件在我国农业生产中经常出现，如大葱种植、大白菜种植和奶牛养殖等，该结果往往会导致国家经济活动的不稳定，让生产者得不到应有的回报．请尝试用数学建模的方法表述和研究该现象，根据研究结果提出合理化建议以应对市场经济中的这个问题．

2. 模型假设

① 商品的价格只由商品的供需数量决定;

② 商品的数量只由商品的价格决定.

3. 问题分析

商品的生产时间可以用时段(也称时期)表示,一个时段表示的是商品的一个生产周期,如人们常说的种植周期、饲养周期等.

商品的价格由消费者的需求关系决定,每个时期,数量越多价格越低,数量越少价格越高. 商品的下一时期的商品数量由生产者的供应关系决定,如果前段时期的价格越低,生产者下一时期的生产数量越少,投入到市场的商品数量就会越少.

在市场经济中,商品生产的特点可以用图 3-3 表示.

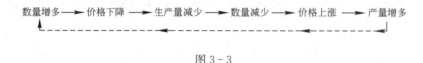

数量增多 ⟶ 价格下降 ⟶ 生产量减少 ⟶ 数量减少 ⟶ 价格上涨 ⟶ 产量增多

图 3-3

从图 3-3 可知,商品的价格和数量是震荡的. 在现实中,这种震荡可能越来越大,也可能越来越趋向平稳. 本节主要讨论基于市场经济不稳定时,这种震荡呈现什么样的状况,而政府此时应该怎样采取措施以保持经济的稳定.

4. 模型建立

设第 k 时段商品数量为 Q_k,价格为 P_k,由假设和分析有

$$P_k = f(Q_k), \quad k = 1, 2, \cdots$$

而下一时段的数量 Q_{k+1} 由上一时段的价格 P_k 决定,有

$$Q_{k+1} = h(P_k), \quad k = 1, 2, \cdots$$

函数 $P_k = f(Q_k)$,$k = 1, 2, \cdots$,常称为需求函数,由问题分析可知它是单调下降的;另一个函数 $Q_{k+1} = h(P_k)$,$k = 1, 2, \cdots$,常称为供应函数,易知它是单调上升的.

为讨论方便,假设需求函数和供应函数都是直线,分别用 D 和 S 表示,则需求与供应的变化可以用平面坐标系中形如蜘蛛网的如下几种类型的图形描述,如图 3-4~图 3-6 所示.

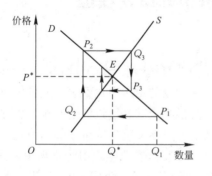

图 3-4

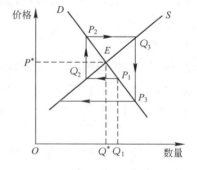

图 3-5

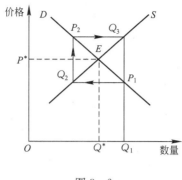

图 3 - 6

（1）收敛型蛛网

在图 3 - 4 中，给定数量 Q_1，价格 P_1 由需求曲线 D 上的 P_1 点决定，而下一时段的数量 Q_2 由供应曲线 S 上的 Q_2 点决定，价格 P_2 由 D 上的 P_2 点决定，这样得到一系列点. 按箭头方向趋向于两曲线的交叉点 E，意味着市场经济将趋向稳定.

（2）发散型蛛网

与上面分析类似，由图 3 - 5 可以发现这一系列变化的点慢慢远离平衡点 E，说明 E 是不稳定的平衡点，这种情况的结果是对应商品的市场经济表现将出现越来越大的震荡.

（3）封闭型蛛网

由图 3 - 6 分析发现，这一系列变化的点波动一直持续，但不远离也不趋向平衡点 E.

5. 模型讨论

从图形上可知，一旦需求曲线和供应曲线被确定下来，商品数量和价格是否趋向稳定就完全由这两条曲线在 E 点附近的形状决定（因为初始价格和商品数量应该离平衡点 E 不远）.

观察比较上述图的不同，可以发现 D 和 S 的陡缓不同，即斜率的不同（如果非直线，则表现为 E 点斜率）直接影响着该经济活动的稳定性.

记 D 的斜率（或在 E 点的斜率）的绝对值为 K_f，S 的斜率为 K_g，图形直观告诉我们：

① 当 $K_f < 1/K_g$ 时，E 点是稳定的；

② 当 $K_f > 1/K_g$ 时，E 点是不稳定；

③ 当 $K_f = 1/K_g$ 时，蛛网是封闭的.

由此可见，需求曲线 D 越平，供应曲线 S 越陡，越利于经济的稳定. 这个结论也可以通过数学的方法得出，过程如下：

设平衡点 E 的坐标为 (Q^*, P^*)，过点 E 的需求曲线和供应曲线的切线方程可写为

$$P_k - P^* = -a(Q_k - Q^*), \quad a > 0$$
$$Q_{k+1} - Q^* = b(P_k - P^*), \quad b > 0$$

消去 P_k 有

$$Q_{k+1} - Q^* = -ab(Q_k - Q^*), \quad k = 1, 2, \cdots$$

对 k 递推有

$$Q_{k+1}-Q^* = (-ab)^k(Q_1-Q^*), \quad k=1,2,\cdots$$

① 当 $k\to\infty$ 时，若 $Q_k\to Q^*$，故 E 点稳定的条件是 $ab<1$ 或 $a<1/b$；

② 当 $k\to\infty$ 时，若 $Q_k\to\infty$，故 E 点不稳定的条件是 $ab>1$ 或 $a>1/b$；

③ 当 $a=1/b$ 时，对应蛛网封闭.

注意到这里的 $a=K_f$，$b=K_g$，与观察的一致.

6. 实际情况解释

① 实际上，需求曲线 D 和供应曲线 S 的具体形式通常是根据各个时段商品数量和价格的一系列统计资料得到的. 一般来说，D 取决于消费者对这种商品的需求程度和他们的消费水平，如当消费者收入增加或者需求程度很高时，D 会向上移动；S 则与生产者的生产能力、经营水平等有关，如当生产力提高时，S 会向右移动.

② 由方程知，a 表示商品供应量减少一个单位时价格的上涨幅度，b 表示价格上涨一个单位时下个时期商品供应的增加量. 通常 a 的数值反映消费者对商品需求的敏感程度. 例如，如果商品是生活必需品，消费者处于持币待购状态，商品数量稍缺，人们就会立即抢购，那么 a 会比较大，曲线会较陡，反之 a 就会比较小；b 的数值反映生产经营者对商品价格的敏感程度，如果生产者目光短浅，追逐一时的高利润，价格稍有上涨就大量增加生产，那么 b 就会比较大，曲线会较平，反之 b 就会比较小.

7. 经济不稳定时的干预方法

根据斜率 a，b 的意义，容易对市场经济稳定与否的条件做出解释：

① 当供应函数 S 确定时，a 越小，需求曲线 D 越平，表明消费者对商品需求的敏感度越小，$ab<1$ 易成立，有利于经济稳定.

② 当需求函数 D 确定时，b 越小，供应曲线 S 越陡，表明生产者对价格的敏感程度越小，也有 $ab<1$ 易成立，有利于经济稳定.

③ 当 a，b 较大，表明消费者对商品的需求和生产者对价格都很敏感，则会导致 $ab>1$ 成立，经济不稳定.

8. 政府采取的干预办法

① 使 a 尽量小. 考察极端情况，当 $a=0$ 时，即需求曲线水平，不论供应曲线如何，$ab<1$ 总成立，经济总稳定. 这种办法相当于控制物价，无论商品数量是多少，价格都不得改变.

② 使 b 尽量小. 考察极端情况，当 $b=0$ 时，即供应曲线竖直，不论需求曲线如何，$ab<1$ 总成立，也总稳定. 这种办法相当于控制市场上商品的数量.

🖥 习题与思考

1. 商品广告模型的建模案例对你有什么启发？
2. 经济增长模型的建模案例对你有什么启发？
3. 某人为支持教育事业，一次性存入一笔助学基金，用于资助某校贫困生. 假设该校每年末支取 10 000 元，已知银行年利率为 5%，如果该基金供学校支取的期限为 20 年，问此人应存入多少资金？如果该基金无期限地用于支持教育事业，此人又应该存入多少资金？
4. 找一个存款、贷款和保险方面的实际问题进行建模求解.

第 4 章　种群问题模型

种群问题是指种群在数量或密度上随时间的变化问题，有单物种种群和多物种种群问题之分．学习并研究种群问题可以更好地了解种群数量的变化规律，达到控制和管理种群的目的．人们利用数学建模方法得到了很多数学模型来研究种群问题，如第 1 章的 Malthus 模型和 Logistic 模型就是很有名的研究人口增长的单种群数学模型．种群数学模型对种群生态学的发展起到了难以估计的作用．

为了方便学习数学建模方法，本章主要通过案例来介绍一些种群问题模型和一些与种群问题有关的知识．

4.1　自治微分方程的图解方法

种群问题的数学模型有很多是用微分方程表示的，要解决种群问题就涉及求解微分方程的方法．常用的求解微分方程的方法有求通解的解析方法和求数值解的数值方法，但对一些特殊的微分方程用图解方法求解是更好的选择．

图解方法虽然不能给出解的解析形式，但可以给出解曲线的图形特征，以便人们能更形象地了解解的运动规律，达到解决所研究问题的目的．此外，通过图形来看清解的物理形态也是科研人员研究和理解真实世界系统的一种强有力的技能和工具．

自治微分方程（组）是不显含自变量的微分方程（组），很多种群问题的数学模型可以用自治微分方程（组）表示，该类微分方程（组）的求解常用图解方法．

4.1.1　自治微分方程

定义 4-1　设因变量 y 是自变量 x 的函数，函数 $f(y)$ 连续可微，称微分方程

$$\frac{\mathrm{d}y}{\mathrm{d}x} = f(y)$$

为**自治微分方程**；称 $f(y)=0$ 的根 y^* 为**平衡点**或**静止点**．

注意到，微分方程的解是函数，不是数！因此，平衡点 y^* 实际对应着 xOy 平面的水平线 $y=y^*$．特别地，常数函数 $y=y^*$ 还是 $\frac{\mathrm{d}y}{\mathrm{d}x}=f(y)$ 的解曲线，称为 $\frac{\mathrm{d}y}{\mathrm{d}x}=f(y)$ 的一个奇解，该奇解上函数值不发生变化，因此平衡点形象地称为静止点．

为了形象地描述自治微分方程的解 y 的变化与平衡点的关系，画出对应的相直线是常用的方法之一．

借助相直线完成图解自治微分方程的具体步骤如下：

① 画因变量 y 轴，在其上标记所有平衡点，并将 y 轴分割为若干区间；

② 在每个区间上确定 y' 的正、负，并在轴上标出变化箭头（$y'>0$ 表示 y 单调增，故

在对应区间画出右向箭头，否则画左向箭头）；

③ 计算 y'' 并求出 $y''=0$ 的点，用 $y'=0$ 和 $y''=0$ 的 y 值分割 y 的值域，判断所有分割区间上 y' 及 y'' 的符号，用表格给出；

④ 在 xOy 平面上根据③的表格数据画出各类解曲线.

【例 4 - 1】　用图解法求解自治微分方程 $\dfrac{\mathrm{d}y}{\mathrm{d}x}=(y+2)(y-3)$.

解　令

$$\frac{\mathrm{d}y}{\mathrm{d}x}=(y+2)(y-3)=0$$

得平衡点 $y_1=-2$，$y_2=3$.

给出 y' 在各个区间的符号如下：

y	$(-\infty, -2)$	-2	$(-2, 3)$	3	$(3, \infty)$
y'	$+$		$-$		$+$

其对应的相直线图如图 4 - 1 所示（箭头表示 y 值的变化趋势）.

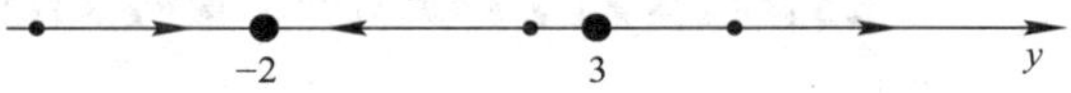

图 4 - 1

由 $\dfrac{\mathrm{d}^2 y}{\mathrm{d}x^2}=(2y-1)y'=(2y-1)(y+2)(y-3)=0$，得 $y_1=0.5$，$y_2=-2$，$y_3=3$，用 $y'=0$ 和 $y''=0$ 的 y 值分割 y 的值域如下：

y	$(-\infty, -2)$	-2	$(-2, 0.5)$	0.5	$(0.5, 3)$	3	$(3, \infty)$
y'	$+$		$-$		$-$		$+$
y''	$-$		$+$		$-$		$+$

在 xOy 平面对应的各类解曲线见图 4 - 2，注意画图时要看初始点的 y 值在哪个值域，然后按函数的单调性和凸凹性画出.

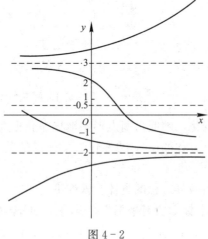

图 4 - 2

从图 4-2 可以看到，在两个平衡点处的解曲线，随着自变量的增大，解曲线有两种不同的变化趋势：一种是朝着平衡点（如 $y=-2$）不断靠近，另一种是远离平衡点（如 $y=3$）。前一种具有吸引功能的平衡点称为**稳定的平衡点**，而称具有排斥功能的平衡点为**不稳定平衡点**。不稳定平衡点具有随着自变量的增加，解越来越远离该平衡点的特点。

4.1.2　自治微分方程组

定义 4-2　设 $y_1=y_1(t)$，$y_2=y_2(t)$，$\cdots$，$y_n=y_n(t)$ 都是自变量 t 的一元函数，且多元函数 $f_k(y_1, y_2, \cdots, y_n)$，$k=1, 2, \cdots, n$ 具有连续偏导数，称微分方程组

$$\frac{\mathrm{d}y_k}{\mathrm{d}t}=f_k(y_1, y_2, \cdots, y_n), \quad k=1, 2, \cdots, n$$

为一阶自治微分方程组。

由于微分方程组的解是多个一元函数，而微分方程组是这多个一元函数的一组关系式，故也称微分方程组为系统。

若用 n 维空间 $\mathbf{R}^n$ 中的向量值函数，则一阶自治微分方程组可以简记为

$$\frac{\mathrm{d}\mathbf{Y}}{\mathrm{d}t}=F(\mathbf{Y})$$

式中的向量值函数 $\mathbf{Y}(t)=(y_1(t), y_2(t), \cdots, y_n(t))^\mathrm{T}$，$F(\mathbf{Y})=(f_1(\mathbf{Y}), f_2(\mathbf{Y}), \cdots, f_n(\mathbf{Y}))^\mathrm{T}$。

与自治微分方程类似，称使方程组 $F(\mathbf{Y})=\mathbf{0}$ 的解 $\mathbf{Y}^*=(y_1^*, y_2^*, \cdots, y_n^*)^\mathrm{T}$ 为系统 $\frac{\mathrm{d}\mathbf{Y}}{\mathrm{d}t}=F(\mathbf{Y})$ 的**平衡点**或**静止点**，此时 $y_k(t)\equiv y_k^* (k=1, 2, \cdots, n)$ 是系统 $\frac{\mathrm{d}\mathbf{Y}}{\mathrm{d}t}=F(\mathbf{Y})$ 的一个奇解。

在一个系统的定性分析中平衡点具有特殊的意义。若对于系统在平衡点 $\mathbf{Y}^*$ 附近出发的任意解 $\mathbf{Y}(t)$，均有 $\lim\limits_{t\to+\infty}\mathbf{Y}(t)=\mathbf{Y}^*$，则称系统 $\frac{\mathrm{d}\mathbf{Y}}{\mathrm{d}t}=F(\mathbf{Y})$ 的平衡点 $\mathbf{Y}^*$ 是**（渐近）稳定的**，否则称 $\mathbf{Y}^*$ **是不（渐近）稳定的**。

为了叙述方便，这里重点讨论 $n=2$ 的一阶自治微分方程组，对 $n>2$ 的一阶自治微分方程组可以类似讨论。

$n=2$ 的一阶自治微分方程组可以写为如下形式

$$\begin{cases} \dfrac{\mathrm{d}x}{\mathrm{d}t}=f(x, y) \\ \dfrac{\mathrm{d}y}{\mathrm{d}t}=g(x, y) \end{cases}$$

这里 $x=x(t)$，$y=y(t)$ 都是变量 t 的一元函数，$f(x, y)$，$g(x, y)$ 具有连续偏导数。

同时满足 $f(x, y)=0$，$g(x, y)=0$ 的点 (x^*, y^*) 是系统的平衡点或静止点。系统的解向量函数 $\mathbf{Y}(t)=(x(t), y(t))$ 产生相平面中一条运动轨迹曲线，其上任何一点表示系统在某时刻的位置，这里的**相平面**是 xOy 平面，它是以系统的解函数 $x=x(t)$，$y=y(t)$ 为坐标轴的平面坐标系。

系统的平衡点 (x^*, y^*) 也是系统的一个解，它是相平面 xOy 上过此点的唯一解，在相平面上，它是直线 $x(t)=x^*$，$y(t)=y^*$ 的交点，即该解的轨迹只是一个点。

【例 4 - 2】 求解微分方程组

$$\begin{cases} \dfrac{\mathrm{d}x}{\mathrm{d}t} = -x(x^2 + y^2) \\[2mm] \dfrac{\mathrm{d}y}{\mathrm{d}t} = -y(x^2 + y^2) \end{cases}$$

的平衡点，并讨论其稳定性.

　　解　由

$$\begin{cases} -x(x^2 + y^2) = 0 \\ -y(x^2 + y^2) = 0 \end{cases}$$

求得该微分方程组的唯一平衡点 (0，0).

　　由已知微分方程组有

$$\begin{cases} x\,\dfrac{\mathrm{d}x}{\mathrm{d}t} = -x^2(x^2 + y^2) \\[2mm] y\,\dfrac{\mathrm{d}y}{\mathrm{d}t} = -y^2(x^2 + y^2) \end{cases}$$

两方程相加并整理，有

$$\frac{\mathrm{d}(x^2 + y^2)}{\mathrm{d}t} = -2(x^2 + y^2)^2$$

进而有解

$$x^2 + y^2 = \frac{1}{2t + c} \quad \left(c = \frac{1}{(x(0))^2 + (y(0))^2} \right)$$

对该微分方程组的任一解 $(x(t)，y(t))$，

$$\lim_{t \to +\infty}(x^2 + y^2) = \lim_{t \to +\infty}\frac{1}{2t + c} = 0$$

故也有

$$\lim_{t \to +\infty}(x(t)，y(t)) = (0，0)$$

因此平衡点 (0，0) 是稳定的.

4.2　单种群问题

　　单种群问题也称为单物种种群问题，主要研究一个生物群体的数量或密度的变化规律. 单种群的数量随时间的波动，主要受初级种群参数（出生率、死亡率、迁入率、迁出率等）和次级种群参数（年龄分布、性比、种群增长率等）的影响.

4.2.1　单种群的一般模型

　　设 $x(t)$ 表示 t 时刻某范围内一种群体的数量，当数量 $x(t)$ 较大时，可以把 $x(t)$ 看作 t 的连续函数. 在受初级种群参数影响的情况下，注意到种群数量 $x(t)$ 对时间 t 的导数 $\dfrac{\mathrm{d}x}{\mathrm{d}t}$ 的实际含义就是种群的变化率，并假设种群的数量变化只与出生、死亡、迁入和迁出等因素有关，则描述单种群数量变化的一般模型为

$$
\begin{cases}
\dfrac{\mathrm{d}x}{\mathrm{d}t}=B-D+I-E \\
x(t_0)=x_0
\end{cases}
$$

式中，B 表示出生率；D 表示死亡率；I 表示迁入率；E 表示迁出率.

针对所研究种群的不同出生率、死亡率、迁入率和迁出率，可以得到该种群的数学模型. 例如，Malthus 模型是在假设 $B-D$（人口增长率）与当时人口数量成正比、$I=E=0$ 得出的数学模型，而 Logistic 模型是在假设 $B-D$ 与当时人口数量成正比，也与该地区所容纳人口的剩余量成正比、$I=E=0$ 得出的数学模型.

在实际问题中，如果所研究的问题不特别强调种群的出生率和死亡率，也没有明显的种群流动描述（此时显然有 $I=E=0$），则有更简单的描述单种群数量变化的一般模型

$$
\begin{cases}
\dfrac{\mathrm{d}x}{\mathrm{d}t}=G \\
x(t_0)=x_0
\end{cases}
$$

式中，$G=B-D$，表示种群增长率.

【例 4 - 3】（种群控制问题）某地区的野猪数量增加得很快，由于食物不够，常有野猪扰民，破坏当地农民的农作物. 为控制野猪种群的发展，把野猪控制在合理的数量内，主管部门决定发放猎捕野猪许可证并规定一张许可证只能捕杀一头野猪. 长期研究发现，该地区的野猪数量若降到 m 头以下，则这个地区的野猪将会灭绝，但若超过 M 头，野猪的数量就会由于营养不良和疾病降到 M 头. 请通过数学建模的方式研究该地区野猪的种群数量变化规律，并回答主管部门发放多少张猎捕许可证才不会出现野猪的种群灭绝情况.

解　本问题没有特别强调野猪的流动性，故选择 $I=E=0$. 此外，本题也没有特别说明野猪的出生率和死亡率，故种群的数量变化主要由种群增长率决定.

设 $P(t)$ 为 t 时刻野猪的数量. 因为本问题涉及野猪种群数量的变化问题，所以可以用微分方程来表述变化规律. 为了表述的方便，假设 $P(t)$ 是连续可微的. 注意到导数是函数的变化率，在本题中 $\dfrac{\mathrm{d}P}{\mathrm{d}t}$ 就是在时刻 t 野猪的数量变化率. 考虑到导数值的正负对应函数 $P(t)$ 的增减，而且时刻 t 野猪的数量变化率 $\dfrac{\mathrm{d}P}{\mathrm{d}t}$ 显然与当时野猪的数量 $P(t)$、该地区可以容纳的野猪的数量 $M-P(t)$ 和使野猪种群不灭绝的数量 $P(t)-m$ 成正比，设比例系数为 k，由本题的描述，有

$$
B-D=kP(M-P)(P-m)
$$

对应的数学模型为

$$
\frac{\mathrm{d}P}{\mathrm{d}t}=kP(M-P)(P-m)
$$

这是一个自治微分方程，它有 3 个平衡点：$P=0$，$P=M$，$P=m$.

P' 在各个区间的符号如下：

P	0	$(0, m)$	m	(m, M)	M	$(M，\infty)$
P'			$-$		$+$	

其对应的相直线图如图 4-3 所示（箭头表示 y 值的变化趋势）.

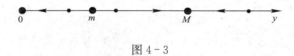

图 4-3

由 $\dfrac{\mathrm{d}^2P}{\mathrm{d}t^2}=k^2P(m-P)(M-P)(mM-2mP-2MP+3P^2)=0$，得

$$P=0,\ P=m,\ P=M,\ P_1=\dfrac{m+M-\Delta}{3},\ P_2=\dfrac{m+M+\Delta}{3},\ \Delta=\sqrt{m^2+M^2-mM}$$

因为 $m^2+M^2>2mM>mM$，故有 $m^2+M^2-mM>0$，从而 $\Delta>0$. 此外，

$$P_1=\dfrac{1}{3}\cdot\dfrac{(m+M-\Delta)(m+M+\Delta)}{m+M+\Delta}=\dfrac{mM}{m+M+\Delta}>0$$

$$\dfrac{P_1}{m}=\dfrac{M}{m+M+\Delta}<1\Rightarrow P_1<m$$

$$\dfrac{P_2}{m}=\dfrac{1}{3}\left(1+\dfrac{M}{m}+\sqrt{1+\dfrac{M(M-m)}{m^2}}\right)>1\Rightarrow P_2>m$$

$$\dfrac{P_2}{M}=\dfrac{1}{3}\left(1+\dfrac{m}{M}+\sqrt{1+\dfrac{m(m-M)}{M^2}}\right)<1\Rightarrow P_2<M$$

故有 $0<P_1<m<P_2<M$. 因为

$$P''=3k^2P(m-P)(M-P)(P-P_1)(P-P_2)$$

用 $P'=0$ 和 $P''=0$ 的 P 值分割 P 的值域得

P	0	$(0,P_1)$	P_1	(P_1,m)	m	(m,P_2)	P_2	(P_2,M)	M	(M,∞)
P'		$-$		$-$		$+$		$+$		$-$
P''		$+$		$-$		$+$		$-$		$+$

在 tOP 平面对应的各类解曲线如图 4-4 所示.

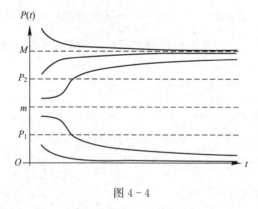

图 4-4

由图 4-4 可知该地区野猪的种群数量变化规律是：当野猪的种群数小于 m 时，野猪的种群数量会随时间变化单调减少，最终出现灭绝结果；当野猪的种群数大于 m 时，野猪的种群

数量会随时间变化单调增加，最终趋于 M 头；当野猪的种群数大于 M 时，野猪的种群数量会随时间变化单调减少，最终趋于 M 头.

虽然从图形上可以得出当野猪的种群数等于 m 或 M 时，野猪的种群数量会随时间变化保持不变，但野猪的种群数量由于出生或死亡随时发生，出现固定数量的结果一般不能维持较长时间，种群数量波动才是常态，因此由野猪的种群数等于 m 或 M 不会得出数量维持不变的结果. 不过这两个数量值有不同的特性，数量 m 不是稳定的，而 M 是稳定的.

由此可知主管部门发放的猎捕许可证的数量要小于 $P(t)-m$，才会使猎捕后种群的剩余数量大于 m，否则就会有灾难性的灭绝情况发生！考虑到种群数量会受天灾人祸这些不可控因素的影响，为保险起见，主管部门发放的猎捕许可证的数量为 $P(t)-P_2$ 或许更好.

4.2.2　受年龄、性别影响的种群模型

种群的一般模型不能描述受次级种群参数（年龄分布、性别比等）影响的种群问题，这种问题不能用微分方程来建立数学模型，但可以借助向量矩阵进行数学建模，下面用一个实际案例说明.

【例 4 - 4】　人口增长的年龄结构模型.

1. 问题的提出

不同年龄的人在死亡和生育方面存在差异. 表 4 - 1～表 4 - 3 给出了某个国家在 1966 年的人口统计资料，它的年龄区间长度为 5 年，试根据此资料建立描述人口增长的模型，并对每一个时间段和每一个年龄组，计算出相应的总人口数.

表 4 - 1　女婴出生率

年龄组	5～10	10～15	15～20	20～25	25～30	30～35	35～40	40～45	45～50
出生率	0.001 02	0.085 15	0.305 74	0.400 02	0.280 61	0.152 60	0.064 20	0.014 83	0.000 89

表 4 - 2　女性人口存活率

年龄组	比率	年龄组	比率
0～5	0.996 70	45～50	0.974 37
5～10	0.998 37	50～55	0.962 58
10～15	0.997 80	55～60	0.945 62
15～20	0.996 72	60～65	0.915 22
20～25	0.996 07	65～70	0.868 06
25～30	0.994 72	70～75	0.800 21
30～35	0.992 40	75～80	0.692 39
35～40	0.988 67	80～85	0.773 12
40～45	0.982 74		

表 4-3　女 性 人 数　　　　　　　　　　单位：千人

年龄组	人数	年龄组	人数
0～5	9 715	45～50	5 987
5～10	10 226	50～55	5 498
10～15	9 542	55～60	4 839
15～20	8 806	60～65	4 174
20～25	6 981	65～70	3 476
25～30	5 840	70～75	2 929
30～35	5 527	75～80	2 124
35～40	5 987	80～85	1 230
40～45	6 371	85 以上	694

2. 模型假设

① 讨论的对象是年龄区间长为 5 年（年龄超过 85 岁的人不按此年龄区间分组）的年龄组人数，年龄组的编号按 0～5，5～10，10～15，15～20，20～25，25～30，30～35，35～40，40～45，45～50，50～55，55～60，60～65，65～70，70～75，75～80，80～85，85 以上依次为第 1，2，3，4，5，6，7，8，9，10，12，13，14，15，16，17，18 年龄组；

② 同一年龄组的女性和男性有相同的存活率，且存活率不变，表中没有的数据视为存活率为零；

③ 同一年龄组的女性生男孩和女孩的出生率相同，且出生率不变，表中没有的数据视为出生率为零.

3. 符号约定及说明

t：时间，单位为年；

$x_k(t)$：t 时刻第 k 个年龄组的人口数量，$k=1$，2，…，18，单位为千人；

$x_k(0)$：初始时刻第 k 个年龄组的人口数量，$k=1$，2，…，18，单位为千人；

$x(t)$：t 时刻人口数量，单位为千人；

b_k：第 k 组女性的生育率

$$b_k = \frac{一个时间段内第\,k\,组女性生育的且存活的新生儿总数}{一个时间段第\,k\,组女性总数}$$

b_{wk}：第 k 组女性生育女婴的比率，$b_k = 2b_{wk}$

s_k：第 k 组人口的存活率

$$s_k = \frac{一个时间段内第\,k\,组存活下来的人数}{一个时间段第\,k\,组人数}$$

4. 问题分析与建模

因为人口统计资料是按年龄区间为 5 年的间隔给出的，故考虑人口的增长也按每五年为基本时间段处理，由符号约定有 t 时刻人口数量为

$$\boldsymbol{x}^{\mathrm{T}}(t) = (x_1(t), x_2(t), \cdots, x_{18}(t)), \quad t = 0, 5, 10, 15, \cdots$$

考虑在 t 时刻到 $t+5$ 时刻人口的变化状态. 由假设有 $\dfrac{x_k(t)}{2}$ 表示第 k 个年龄组在 t 时刻的女性人数，于是第 k 个年龄组女性在 t 到 $t+5$ 时刻生育且存活的人数为 $b_k \times \dfrac{x_k(t)}{2} = b_{\mathrm{w}k} x_k(t)$.

此外，因为在 $t+5$ 时刻第一个年龄组的人口是由在 t 时刻到 $t+5$ 时刻期间出生且活到 $t+5$ 时刻的人构成的，由给定的数据知具有生育能力的女性只有第 2～10 组的女性，因此有

$$x_1(t+5) = b_{\mathrm{w}2} x_2(t) + b_{\mathrm{w}3} x_3(t) + \cdots + b_{\mathrm{w}10} x_{10}(t) \tag{4-1}$$

而在 $t+5$ 时刻，第 2 至第 17 个年龄组的人数由相应在 t 时刻的第 1 至第 16 个年龄组的存活人数构成. 由定义有

$$x_k(t+5) = s_{k-1} x_{k-1}(t), \quad k = 2, 3, \cdots, 18 \tag{4-2}$$

式(4-1)和式(4-2)就是人口增长的年龄结构模型，它可以用矩阵表示为

$$\boldsymbol{x}(t+5) = \boldsymbol{G}\boldsymbol{x}(t) \tag{4-3}$$

这里

$$\boldsymbol{G} = \begin{bmatrix} 0 & b_{\mathrm{w}2} & b_{\mathrm{w}3} & \cdots & b_{\mathrm{w}10} & 0 & \cdots & 0 \\ s_1 & 0 & 0 & \cdots & 0 & 0 & \cdots & 0 \\ 0 & s_2 & 0 & \cdots & 0 & 0 & \cdots & 0 \\ 0 & 0 & s_3 & \cdots & 0 & 0 & \cdots & 0 \\ & & & \ddots & \vdots & \vdots & \vdots & \vdots \\ \vdots & \vdots & \vdots & & s_{10} & 0 & \cdots & 0 \\ & & & & & \vdots & \ddots & \ddots & \vdots \\ 0 & 0 & 0 & \cdots & 0 & 0 & s_{17} & 0 \end{bmatrix}$$

$\boldsymbol{G}$ 称为增长矩阵. 如果给定初始时刻的人口总数 $\boldsymbol{x}(0)$，由式(4-3)可以递推出确定人口增长的矩阵方程

$$\boldsymbol{x}(5n) = \boldsymbol{G}^n \boldsymbol{x}(0), \quad n = 1, 2, \cdots \tag{4-4}$$

利用式(4-4)可以计算出在任意时间段的人口分布情况.

在给定的数据下，有

$\boldsymbol{x}(0) = 2(9\,715,\ 10\,226,\ 9\,542,\ 8\,806,\ 6\,981,\ 5\,840,\ 5\,527,\ 5\,987,\ 6\,371,\ 5\,987,$
　　$5\,498,\ 4\,839,\ 4\,174,\ 3\,476,\ 2\,929,\ 2\,124,\ 1\,230,\ 694)^{\mathrm{T}}$

$(b_{\mathrm{w}2}, \cdots, b_{\mathrm{w}10}) = (0.001\,02,\ 0.085\,15,\ 0.305\,74,\ 0.400\,02,\ 0.280\,61,$
　　$0.152\,60,\ 0.064\,20,\ 0.014\,83,\ 0.000\,89)$

$(s_1, s_2, \cdots, s_{17}) = (0.996\,70,\ 0.998\,37,\ 0.997\,80,\ 0.996\,72,\ 0.996\,07,\ 0.994\,72,$
　　$0.992\,40,\ 0.988\,67,\ 0.982\,74,\ 0.974\,37,\ 0.962\,58,\ 0.945\,62,$
　　$0.915\,22,\ 0.868\,06,\ 0.800\,21,\ 0.692\,39,\ 0.773\,12)$

编程进行计算，可以得出：在第 1 个五年第 1，2，3，4，5，6，7，8，9，10，12，13，14，15，16，17，18 年龄组人口数的变化见表 4-4.

表 4 - 4　　第 1 个五年人口数的变化　　　　　　　　　　　单位：千人

年龄组	人口数	年龄组	人口数
0～5	18 548.4	45～50	12 522.1
5～10	19 365.9	50～55	11 667.1
10～15	20 418.7	55～60	10 584.5
15～20	19 042.0	60～65	9 151.71
20～25	17 554.2	65～70	7 640.26
25～30	13 907.1	70～75	6 034.75
30～35	11 618.3	75～80	687.63
35～40	10 970.0	80～85	2 941.27
40～45	11 838.3	85 以上	1 901.88

在第 19 个 5 年，第 1，2，3，4，5，6，7，8，9，10，12，13，14，15，16，17，18 年龄组人口数的变化见表 4 - 5.

表 4 - 5　　第 19 个五年人口数的变化　　　　　　　　　　　单位：千人

年龄组	人口数	年龄组	人口数
0～5	49 334.8	45～50	30 209.1
5～10	46 800.7	50～55	28 229.8
10～15	44 473.8	55～60	25 756.3
15～20	42 300.9	60～65	22 815.7
20～25	40 245.8	65～70	19 712.3
25～30	38 222.7	70～75	16 657.8
30～35	36 127.8	75～80	13 131.8
35～40	34 013.9	80～85	8 642.7
40～45	32 039.6	85 以上	6 040.74

计算结果给出的预测为：在第 1 个 5 年末，人口数由 199 892 千人变为 210 394 千人，以后按 5 年一个时间段，到第 19 个 5 年末，人口数的变化（单位：千人）依次为

222 470，235 946，249 902，263 635，277 338，291 935，307 803，324 809，342 500，360 928，380 099，399 800，419 950，440 432，462 022，484 722，508 974，534 756.

4.3　多种群问题

在自然环境中，生物种群丰富多彩，它们之间通常存在相互竞争、相互依存、弱肉强食三种基本关系.

多物种种群比单物种种群复杂，因为此时不同的物种之间可以有不同的方式相互作用. 例如一种动物可以以另外一种动物作为主要食物来源，这通常称为捕食关系；两个物种可以相互依赖，如蜜蜂以植物的花蜜为食，同时替植物传播花粉. 为论述的方便，本节重点讨论两个种群的问题，其使用的方法和结果可以推广到两个以上的多种群问题中.

4.3.1　两种群问题的一般模型

设 $x(t)$ 和 $y(t)$ 表示 t 时刻某范围内两个种群的数量，当 $x(t)$ 和 $y(t)$ 较大时，可以把 $x(t)$ 和 $y(t)$ 都看作 t 的连续函数. 注意到种群的相对变化率通常与研究范围内的种群数有关，利用相对变化率概念，两种群的一般数学模型可写为

$$\begin{cases} \dfrac{\mathrm{d}x}{\mathrm{d}t} \cdot \dfrac{1}{x} = f(x,y) \\[2mm] \dfrac{\mathrm{d}y}{\mathrm{d}t} \cdot \dfrac{1}{y} = g(x,y) \end{cases}$$

式中，$f(x,y)$，$g(x,y)$ 对应种群的相对增长率或称固有增长率.

若选取

$$\begin{cases} f(x,y) = a + bx + cy \\ g(x,y) = m + nx + sy \end{cases}$$

则有

$$\begin{cases} \dfrac{\mathrm{d}x}{\mathrm{d}t} \cdot \dfrac{1}{x} = a + bx + cy \\[2mm] \dfrac{\mathrm{d}y}{\mathrm{d}t} \cdot \dfrac{1}{y} = m + nx + sy \end{cases}$$

整理得两种群常用的一般数学模型

$$\begin{cases} \dfrac{\mathrm{d}x}{\mathrm{d}t} = x(a + bx + cy) = ax + bx^2 + cxy \\[2mm] \dfrac{\mathrm{d}y}{\mathrm{d}t} = y(m + nx + sy) = my + nxy + sy^2 \end{cases}$$

在以上模型中，系数取不同的符号就可以得到两个种群的不同关系模型.

【例 4-5】 （种群竞争问题）小李大学毕业后被招聘到一个度假村做总经理助理. 该度假村为了吸引更多的游客来游玩，决定建一个人工池塘并在其中投放活的鳟鱼和鲈鱼供游人垂钓. 总经理想知道若投放一批这两种鱼，这两种鱼是否一直能在池塘中共存？若不能共存，怎样做才不会出现池中只有一种鱼的情况？由于小李是大学生，因此总经理就把这个任务交给小李来解决. 请你用数学建模的方法帮助小李完成这个任务.

1. 问题分析

研究发现：鳟鱼和鲈鱼的食物和生活空间基本相同，这两个种群在池塘中会争夺有限的同一食物来源和生活空间. 令 $x(t)$，$y(t)$ 分别表示竞争关系中鳟鱼和鲈鱼种群在时刻 t 的数量.

2. 模型假设

① 鳟鱼和鲈鱼种群的增长率与该种群数量成正比，比例系数分别为 a，$b(a>0，b>0)$；

② 两种鱼的作用都是降低对方的增长率，增长率大小分别正比于两种鱼数量的乘积，比例系数分别为 c，$d(c>0，d>0)$；

③ 鳟鱼和鲈鱼种群函数 $x(t)$，$y(t)$ 是连续可微的.

3. 模型建立

根据模型假设，可以写出如下数学模型

$$\begin{cases} \dfrac{\mathrm{d}x}{\mathrm{d}t} = ax - cxy = (a - cy)x \\[2mm] \dfrac{\mathrm{d}y}{\mathrm{d}t} = by - dxy = (b - dx)y \end{cases}$$

4. 模型求解与分析

所得数学模型是自治微分方程组，采用图解法求解. 由方程组

$$\begin{cases} (a - cy)x = 0 \\ (b - dx)y = 0 \end{cases}$$

得两个平衡点 $(0, 0)$ 和 $\left(\dfrac{b}{d}, \dfrac{a}{c}\right)$. 在相平面 xOy 的 x 轴和竖直线 $x = \dfrac{b}{d}$ 上，有 $\dfrac{\mathrm{d}y}{\mathrm{d}t} = 0$，说明在这两条线上鲈鱼的增长率为零. 同样，在相平面 xOy 的 y 轴和横直线 $y = \dfrac{a}{c}$ 上，有 $\dfrac{\mathrm{d}x}{\mathrm{d}t} = 0$，说明在这两条线上鳟鱼的增长率为零，如图 4-5 和图 4-6 所示.

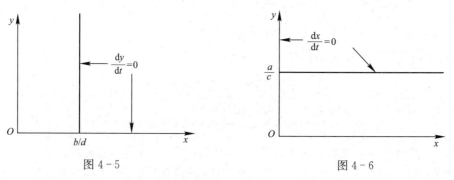

图 4-5   图 4-6

在相平面上用平衡点对应的两条直线 $x(t) = \dfrac{b}{d}$，$y(t) = \dfrac{a}{c}$ 分割鳟鱼和鲈鱼的值域（相平面的第一象限）得四个区域 A，B，C，D，如图 4-7 所示.

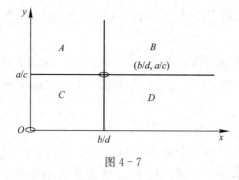

图 4-7

如果最初放入池塘的两种鱼数量在平衡点，则两种鱼不会增加，但实际中这种情况不会发生，因为即使开始是两种鱼数量在平衡点，但随着钓鱼活动或其他事件发生，池塘两种鱼数量之比很容易发生变化. 因此要研究最初放入池塘的两种鱼数量不在平衡点的情况. 下面

用图解法来研究这个问题，此时要考察两个导数$\dfrac{\mathrm{d}x}{\mathrm{d}t}$，$\dfrac{\mathrm{d}y}{\mathrm{d}t}$在相平面的四个区域的符号. 在本题中有

区域	A	B	C	D
x'	−	−	+	+
y'	+	−	+	−

由导数的符号可知对应函数的增减，在相平面画出对应图，如图 4-8 所示.

注意，图中四个区域的小斜箭头指示系统轨迹在起点时的走向，利用它可以在相平面画出系统解的轨线图，如图 4-9 所示.

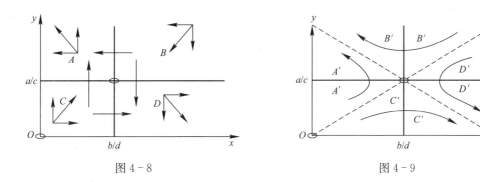

图 4-8　　　　　　　　　　　　　　　图 4-9

从相平面图可以得出结论：无论开始时投放的鳟鱼和鲈鱼数量如何，如果不加入人为管理，这两种鱼都不能一直在池塘中共存下去.

为了满足总经理不出现池中只有一种鱼的要求，可以给出动态调控的建议，具体为：每隔一段时间抽查池中两种鱼的数量关系，若发现两种鱼的数量处于图中的 A' 或 B' 区，说明鳟鱼朝着不断减少的趋势发展，若不采取措施鳟鱼将会完全消失，故此时应该发布措施提醒钓鱼者只能钓鲈鱼不能钓鳟鱼；若发现两种鱼的数量处于图中的 C' 或 D' 区，说明鲈鱼朝着不断减少的趋势发展，若不采取措施鲈鱼将会完全消失，故此时应该发布措施提醒钓鱼者只能钓鳟鱼不能钓鲈鱼. 当然当两种鱼的数量处于图中的 A' 或 B' 区时也可以采用向池中投鳟鱼的方式修正两种鱼的数量对比，这样通过动态调控可以使两种鱼共存于池中.

4.3.2　种群模型系数的意义

在常用的两种群一般数学模型中，其中的系数在种群问题中都有确切含义，具体为：

一次项系数表示对应的该种群的自然增长率；

二次项系数表示该种群的密度制约或内部竞争程度，称为密度制约度；

交叉项系数表示两种群的接触程度.

以上系数取值的正负有不同的含义，例如假设 $a>0$，模型

$\dfrac{\mathrm{d}x}{\mathrm{d}t}=ax$ 表示种群 x 有种群之外的食物，此时说明种群数量是呈指数级增长的；

$\dfrac{\mathrm{d}x}{\mathrm{d}t}=-ax$ 表示种群 x 没有种群之外的食物，此时说明种群数量是呈指数级衰减的.

根据模型中系数的符号可以得到两种群关系的模型. 因为函数导数表示该函数的增长率, 导数的正负对应函数的增减. 在两种群问题中, 种群数量总是非负的, 面对任意给定的一个两种群数学模型, 利用导数的这种特性可以得知这两个种群的关系.

同样, 对于三种群及以上的种群问题也有类似的结果. 为方便计, 下面用一个例子加以说明之.

【例 4 - 6】 在马来西亚的科莫多岛上有一种巨大的食肉爬虫, 它吃哺乳动物, 而哺乳动物吃岛上生长的植物, 假设岛上的植物非常丰富且食肉爬虫对这些植物没有直接影响, 请在适当的假设下建立这三者关系的模型.

1. 模型准备

当某个自然环境中只有一个生物的种群生存时, 因为生物成长到一定数量后增长率会下降, 故人们常用 Logistic 模型来描述这个种群的演变过程. 设种群在 t 时刻的数量为 $x = x(t)$, 则有

$$\frac{\mathrm{d}x}{\mathrm{d}t} = rx\left(1 - \frac{x}{N}\right)$$

式中, r 为固有增长率, N 是环境容许的种群最大数量. 由方程可以得到, $x_0 = N$ 是稳定平衡点, 即 $t \to \infty$ 时 $x(t) \to N$. 令 $a = r$, $b = \frac{r}{N}$, 模型 $\frac{\mathrm{d}x}{\mathrm{d}t} = rx\left(1 - \frac{x}{N}\right)$ 可以简化为

$$\frac{\mathrm{d}x}{\mathrm{d}t} = ax - bx^2$$

2. 模型假设

① 植物能独立生存, 并按 Logistic 规律增长;

② 食肉爬虫对植物没有直接影响.

3. 模型分析与建立

设哺乳动物、食肉爬虫和植物在时刻 t 的数量分别为 $x_1(t)$, $x_2(t)$ 和 $x_3(t)$. 因为植物按 Logistic 规律增长, 而哺乳动物的存在使植物的增长率减小, 设减小的程度与哺乳动物数量成正比, 于是 $x_3(t)$ 满足方程

$$\frac{\mathrm{d}x_3}{\mathrm{d}t} = a_3 x_3 - a_4 x_3^2 - c_{31} x_1 x_3$$

比例系数 c_{31} 反映哺乳动物掠食植物的能力.

食肉爬虫离开哺乳动物无法生存, 设它独立存在时死亡率为 a_2, 则有 $\frac{\mathrm{d}x_2}{\mathrm{d}t} = -a_2 x_2 + \cdots$, 而哺乳动物的存在为食肉爬虫提供了食物, 相当于使食肉爬虫的死亡率降低, 且促使其增长. 设这种作用与哺乳动物的数量成正比, 于是 $x_2(t)$ 满足方程

$$\frac{\mathrm{d}x_2}{\mathrm{d}t} = -a_2 x_2 + b_{21} x_1 x_2$$

比例系数 b_{21} 反映哺乳动物对食肉爬虫的供养能力.

而对于哺乳动物, 离开植物无法生存, 设它独立存在时死亡率为 a_1, 则有 $\frac{\mathrm{d}x_1}{\mathrm{d}t} = -a_1 x_1 + \cdots$, 而植物的存在为哺乳动物提供了食物, 相当于使哺乳动物的死亡率降低, 且促使其增长. 设

这种作用与植物的数量成正比，于是又有 $\dfrac{dx_1}{dt}=-a_1x_1+c_{13}x_1x_3+\cdots$. 又食肉爬虫的存在使哺乳动物的死亡率上升，设这种作用与食肉爬虫数量成正比，于是 $x_1(t)$ 满足方程

$$\frac{dx_1}{dt}=-a_1x_1-b_{12}x_1x_2+c_{13}x_1x_3$$

综上，可以得到本题的数学模型

$$\begin{cases}\dfrac{dx_1}{dt}=-a_1x_1-b_{12}x_1x_2+c_{13}x_1x_3\\[2mm]\dfrac{dx_2}{dt}=-a_2x_2+b_{21}x_1x_2\\[2mm]\dfrac{dx_3}{dt}=a_3x_3-a_4x_3^2-c_{31}x_1x_3\end{cases}$$

注意到，在本题中有：植物能独立生存，并受到自身密度的影响，与哺乳动物的数量成反比，是捕食与被捕食关系的食饵；食肉爬虫不能独立生存，与哺乳动物的数量成正比，是捕食与被捕食关系的捕食者；哺乳动物不能独立生存，与植物的数量成正比，植物是其食饵，与食肉爬虫的数量成反比，食肉爬虫是其捕食者. 利用此事实也可以给出同样的数学模型.

4.3.3 几个常见的两种群关系模型

下面是两种群关系的几个模型（你能看出其中的奥妙吗?）. 为了叙述方便，假设模型中的系数都是正数.

1. 相互竞争模型

两个种群为了争夺有限的同一食物来源和生活空间，从长远的角度看，其最终结局有两个：一是它们中的竞争力弱的一方被淘汰，然后另一方独占全部资源而以单种群模式发展；二是存在某种稳定的平衡状态，两个物种按照某种规模构成双方长期共存.

相互竞争关系可以用如下数学模型描述.

① 没有密度制约模型.

$$\begin{cases}\dfrac{dx}{dt}=ax-cxy\\[2mm]\dfrac{dy}{dt}=my-nxy\end{cases}$$

② 有密度制约模型.

$$\begin{cases}\dfrac{dx}{dt}=ax-bx^2-cxy\\[2mm]\dfrac{dy}{dt}=my-nxy-sy^2\end{cases}$$

2. 相互依存模型

自然界中处于同一环境中两个种群相互依存而共生的现象是很普遍的. 比如植物与昆虫，一方面植物为昆虫提供了食物资源；另一方面，尽管植物可以独立生存，但昆虫的授粉作用又可以提高植物的增长率. 事实上，人类与人工饲养的牲畜之间也有类似的关系.

相互依存关系可以用如下数学模型描述.

① 没有密度制约模型.

$$\begin{cases} \dfrac{dx}{dt}=ax+cxy \\ \dfrac{dy}{dt}=my+nxy \end{cases}$$

② 有密度制约模型.

$$\begin{cases} \dfrac{dx}{dt}=ax-bx^2+cxy \\ \dfrac{dy}{dt}=my+nxy-sy^2 \end{cases}$$

③ 互利共生模型.

$$\begin{cases} \dfrac{dx}{dt}=-ax+cxy \\ \dfrac{dy}{dt}=-my+nxy \end{cases}$$

3. 捕食与食饵模型

在自然界中种群之间捕食与被捕食的关系普遍存在，如生活在草原上的狼和羊. 捕食与食饵模型可以用如下数学模型描述.

① 没有密度制约模型，种群 y 以吃种群 x 为生

$$\begin{cases} \dfrac{dx}{dt}=ax-cxy \\ \dfrac{dy}{dt}=-my+nxy \end{cases}$$

② 有密度制约模型，种群 y 以吃种群 x 为生

$$\begin{cases} \dfrac{dx}{dt}=ax-bx^2-cxy \\ \dfrac{dy}{dt}=-my+exy-sy^2 \end{cases}$$

【例 4-7】 假设甲、乙两种群具有相互依存关系，每个种群数量的增长率与该种群数量成正比，同时也与有闲资源成正比. 此外，两个种群均可以独立存在，但可被其直接利用的自然资源有限. 请写出该问题的数学模型，并求其平衡点.

1. 模型假设与符号说明

① 设 $x_1(t)$，$x_2(t)$ 表示甲、乙两种群在时刻 t 的数量；

② $s_i(t)(i=1,2)$ 表示甲、乙两种群的有闲资源；

③ 两个种群均可以被其直接利用的自然资源均设为"1"，$N_i(i=1,2)$ 分别表示甲、乙两种群在单种群情况下自然资源所能承受的最大种群数量；

④ 两种群的存在均可以促进另一种群的发展，我们视之为另一种群发展中可以利用的资源，$\sigma_i(i=1,2)$ 为二折算因子，σ_1/N_2 表示一个单位数量的种群乙可充当种群甲的生存资源的量，σ_2/N_1 表示一个单位数量的种群甲可充当种群乙的生存资源的量；

⑤ $r_i(i=1, 2)$ 分别表示甲、乙两种群的固有增长率.

2. 模型建立

两种群数量的增长率可以用种群数量 $x_i(t)$ 对时间 t 的导数 $\dot{x}_i(t)(i=1, 2)$ 表示. 由题意和假设有

$$\begin{cases} \dot{x}_1 = r_1 x_1 s_1 \\ \dot{x}_2 = r_2 x_2 s_2 \end{cases}$$

再由假设，有

$$\begin{cases} s_1 = 1 - \dfrac{x_1}{N_1} + \sigma_1 \dfrac{x_2}{N_2} \\ s_2 = 1 + \sigma_2 \dfrac{x_1}{N_1} - \dfrac{x_2}{N_2} \end{cases}$$

经化简，得本问题的数学模型

$$\begin{cases} \dot{x}_1 = r_1 x_1 \left(1 - \dfrac{x_1}{N_1} + \sigma_1 \dfrac{x_2}{N_2}\right) \\ \dot{x}_2 = r_2 x_2 \left(1 + \sigma_2 \dfrac{x_1}{N_1} - \dfrac{x_2}{N_2}\right) \end{cases}$$

3. 模型求解

只求解模型的平衡点，为此，令

$$\begin{cases} r_1 x_1 \left(1 - \dfrac{x_1}{N_1} + \sigma_1 \dfrac{x_2}{N_2}\right) = 0 \\ r_2 x_2 \left(1 + \sigma_2 \dfrac{x_1}{N_1} - \dfrac{x_2}{N_2}\right) = 0 \end{cases}$$

求得该模型的四个平衡点为

$$P_1(0, 0), \ P_2(N_1, 0), \ P_3(0, N_2), \ P_4\left(\frac{1+\sigma_1}{1-\sigma_1\sigma_2}N_1, \ \frac{1+\sigma_2}{1-\sigma_1\sigma_2}N_2\right)$$

种群模型可以有很多应用，下面给出捕食与食饵模型在渔业生产中的应用.

假设某湖中有两种鱼 y 和 x，鱼 y 以吃鱼 x 为生，则相应的数学模型为

$$\begin{cases} \dfrac{\mathrm{d}x}{\mathrm{d}t} = ax - cxy \\ \dfrac{\mathrm{d}y}{\mathrm{d}t} = -my + nxy \end{cases}$$

显然其平衡点为 $(m/n, a/c)$，可以证明这个两种群模型的解轨线是周期的. 假设周期为 T，有两种群的平均量

$$\begin{cases} \bar{x} = \dfrac{1}{T} \displaystyle\int_0^T x(t)\mathrm{d}t \\ \bar{y} = \dfrac{1}{T} \displaystyle\int_0^T y(t)\mathrm{d}t \end{cases}$$

将原模型改写为

$$
\begin{cases}
\dfrac{1}{x} \cdot \dfrac{\mathrm{d}x}{\mathrm{d}t} = a - cy \\[2mm]
\dfrac{1}{y} \cdot \dfrac{\mathrm{d}y}{\mathrm{d}t} = -m + nx
\end{cases}
$$

积分（注意周期性）得

$$
\begin{cases}
\ln x(T) - \ln x(0) = \displaystyle\int_0^T \dfrac{1}{x}\dfrac{\mathrm{d}x}{\mathrm{d}t} = aT - c\int_0^T y(t)\mathrm{d}t = 0 \\[3mm]
\ln y(T) - \ln y(0) = \displaystyle\int_0^T \dfrac{1}{y}\dfrac{\mathrm{d}y}{\mathrm{d}t} = -mT + n\int_0^T x(t)\mathrm{d}t = 0
\end{cases}
$$

得两种群的平均鱼量为

$$
\bar{x} = \frac{m}{n}, \quad \bar{y} = \frac{a}{c}
$$

若此时加入抓捕活动，设 r 为抓捕比例，则改进的数学模型为

$$
\begin{cases}
\dfrac{\mathrm{d}x}{\mathrm{d}t} = ax - cxy - rx \\[2mm]
\dfrac{\mathrm{d}y}{\mathrm{d}t} = -my + nxy - ry
\end{cases}
$$

在新模型下，每个周期的平均鱼量变为

$$
\bar{x} = \frac{m+r}{n}, \quad \bar{y} = \frac{a-r}{c}
$$

说明抓捕会导致食饵增加，捕食者减少．这个结论可以解释捕捞活动的一些疑惑并指导渔业生产．

📠 习题与思考

1. 用图解法求解第 1 章的 Malthus 模型和 Logistic 模型．

2. 已知某两种群模型为

$$
\begin{cases}
\dot{x}_1(t) = 2x_1\left(1 - \dfrac{x_1}{10} - \dfrac{1}{2}\times\dfrac{x_2}{15}\right) \\[2mm]
\dot{x}_2(t) = 4x_2\left(1 - 3\times\dfrac{x_1}{10} - \dfrac{x_2}{15}\right)
\end{cases}
$$

其中以 $x_1(t)$，$x_2(t)$ 分别表示 t 时刻甲、乙两种群的数量，请问该模型表示哪类生态（相互竞争、相互依存）系统模型，求出系统的平衡点，并画出系统的轨线图．

3. 令 $x(t)$，$y(t)$ 分别表示两个种群在时刻 t 的数量，则两种群的一般数学模型可以写为

$$\begin{cases} \dfrac{\mathrm{d}x}{\mathrm{d}t} = ax + bx^2 + cxy \\[2mm] \dfrac{\mathrm{d}y}{\mathrm{d}t} = dy + exy + sy^2 \end{cases}$$

请根据这个一般模型完成如下任务:

(1) 当两种群 $x(t)$,$y(t)$ 是相互依存关系时,写出对应的数学模型;

(2) 当两种群 $x(t)$,$y(t)$ 是相互竞争关系时,写出对应的数学模型;

4. 利用两种群模型的理论建立夫妻关系的一种数学模型.

第 5 章 随机问题模型

随机问题就是通常的概率统计问题，其特点是问题的结果不是唯一确定的. 人们处理随机问题的方法往往是根据结果出现可能性的大小和自己的承受能力来决定自己的选择. 随机问题在实际中是经常出现的，借助概率统计的知识可以把实际的随机问题变为数学问题以达到解决随机问题的目的.

本章主要通过案例来介绍一些随机问题模型，以使读者了解随机问题的建模方法.

5.1 仪器正确率问题

1. 问题的提出

某地区由于吸烟的人数很多，致使该地区有较高的肺癌发病率. 历史资料显示，每 5 000 人中平均有一人患有肺癌. 为监控该地区的肺癌发展情况，该地区一家著名医院研发了一台检查肺癌的仪器，任何人经过该仪器检查后都可以给出是否患有肺癌的结果. 检查结果表明，患有肺癌的人被该仪器检查出肺癌结果的正确率为 90％，没患肺癌的人被该仪器检查出没有肺癌结果的正确率也为 90％.

张三是该地区的一个居民，他虽然不吸烟，但他周围朋友吸烟的较多，因此他经常处于被动吸烟的环境中. 前一天，与他关系密切的一个吸烟的朋友被病理诊断出患有肺癌，而这几天他也经常感到胸部不适，因此决定去这家著名医院做个检查. 不幸的是，医生用该仪器给他做检查的结果显示他患有肺癌！面对这个诊断及该仪器声称的诊断正确率，你是否认为张三患有肺癌的可能性也很大？请对该仪器的诊断结果进行讨论.

2. 问题分析与求解

本问题是在张三被仪器查出患有肺癌的条件下，推断张三是否真患有肺癌. 学过概率论的人都知道，这是条件概率问题，通过 Bayes 定理可以解决. 为便于讨论，引入如下符号：

L^+：张三患有肺癌事件；

L^-：张三没有患肺癌事件；

I^+：仪器检查显示张三患有肺癌事件；

I^-：仪器检查显示张三没有患肺癌事件.

由所给条件，易得如下概率值

$$P(L^+) = \frac{1}{5\ 000}, \quad P(I^+|L^+) = 90\% = 0.9, \quad P(I^-|L^-) = 90\% = 0.9$$

$$P(L^-) = 1 - P(L^+) = \frac{4\ 999}{5\ 000}, \quad P(I^-|L^+) = 0.1, \quad P(I^+|L^-) = 0.1$$

由 Bayes 公式，在张三被仪器查出患有肺癌的条件下，张三真患有肺癌的概率为

$$P(L^+ \mid I^+) = \frac{P(I^+ \mid L^+)P(L^+)}{P(I^+ \mid L^+)P(L^+) + P(I^+ \mid L^-)P(L^-)}$$

$$= \frac{0.9 \times (1/5\ 000)}{0.9 \times (1/5\ 000) + 0.1 \times (4\ 999/5\ 000)} \approx 0.18\%$$

　　结果说明张三被仪器查出患有肺癌但他真患有肺癌的概率只有约 0.18%，这是很小的概率，故张三不必过于因为检查结果而担心.

3. 结果讨论

　　以上的结论让人们很诧异，难道一些很准确的仪器其检查结果就这么不可信吗？为了解释这个现象，我们在如上问题中引入数学模型来做探讨.

　　注意到在张三被仪器查出患有肺癌的条件下，张三真患有肺癌的概率与某地区肺癌发病率、患有肺癌的人被仪器检查出肺癌结果的正确率及没患肺癌的人被该仪器检查出没有肺癌的正确率有关，把原问题中的具体数字用数学符号代替，引入如下符号：

　　p：某地区肺癌发病率；

　　x：患有肺癌的人被仪器检查出肺癌结果的正确率；

　　y：没患肺癌的人被该仪器检查出没有肺癌的正确率.

　　在张三被仪器查出肺癌的条件下，张三真有肺癌的概率数学模型为

$$P(L^+ \mid I^+) = \frac{xp}{xp + (1-y)(1-p)}$$

　　（1）仪器检测准确率的讨论

　　由

$$P(L^+ \mid I^+) = \frac{xp}{xp + (1-y)(1-p)} = 1 - \frac{(1-y)(1-p)}{xp + (1-y)(1-p)}, \quad 0 \leqslant x, \ y, \ p \leqslant 1$$

可知患有肺癌的人被仪器检查出肺癌结果的正确率 x 或 y 越高，张三被仪器查出肺癌而其真患有肺癌的可能性就越大.

　　（2）该地区的肺癌发病率对仪器结果的影响

　　为考察这个影响，在模型中取定 $x = y = 90\%$，$p = 0.01, 0.02, \cdots, 0.1$，有

p	0.01	0.02	0.03	0.04	0.05	0.06	0.07	0.08	0.09	0.10
$P(L^+ \mid I^+)$	0.083	0.155	0.218	0.273	0.321	0.365	0.404	0.439	0.471	0.500

　　从表中可知某地区的肺癌发病率越高，仪器检查结果的可信性也越高. 表中指出在仪器原有诊断正确率条件下，当该地区的肺癌发病率是 1/10 时，则在被仪器查出肺癌的条件下，张三真有肺癌的可能性变为 50% 了. 因此，对仪器给出的检查结果要结合该地区的发病率来考虑.

　　以上讨论说明，某人真有肺癌的概率与该地区的肺癌发病率及患有肺癌的人被仪器检查出肺癌结果的正确率成正比. 在某人被准确率较高的仪器查出患某病的条件下，该人是否真正患有此病要综合考虑检查的结果，对结果不能不信，也不能全信.

5.2　遗 传 问 题

5.2.1　常染色体遗传问题

某农场的植物园计划对园中的金鱼草进行遗传研究. 金鱼草的花有三种花色：红、粉红和白色，以往的研究发现金鱼草由两个遗传基因决定花的颜色. 若该农场计划采用开红花的金鱼草一直作为亲体分别与三种花色的金鱼草相结合的方案培育金鱼草后代，那么经过若干年后，这种金鱼草的任一代的三种花色会如何分布？

1. 模型准备

本问题是常染色体遗传问题，其中无论是亲体还是后代都由两个遗传基因决定自己的特性. 遗传规律为：后代的基因对是由其两个亲体的基因对中各取一个基因组成.

基因对也称为基因型. 如果所考虑的遗传特征是由两个基因 A 和 a 控制的，就有三种基因对：AA，Aa，aa，基因对的基因排列与顺序无关.

2. 模型假设

① 金鱼草只开红花、粉红色花和白色，没有其他花色；

② 两个遗传基因是 A 和 a，基因对是 AA 的开红花，是 Aa 的开粉红色花，是 aa 的开白花；

③ 后代的基因对是从其两个亲体的基因对中等可能地各取一个基因组成.

3. 模型的分析与建立

当一个亲体的基因对为 Aa，而另一个亲体的基因对是 aa 时，那么后代可以从 aa 中得到基因 a，从 Aa 中或得到基因 A，或得到基因 a. 这样，后代基因对会出现四种

$$Aa，Aa，aa，aa$$

由古典概率计算公式

$$P(A) = \frac{\text{有利于事件 } A \text{ 的基本事件数}}{\text{样本空间总数}}$$

易算出产生后代为 Aa 或 aa 的概率都为 1/2. 根据这种方法易得出双亲体基因对的所有可能结合对应后代基因对的概率如表 5-1 所示.

表 5-1　概　　率

		父体-母体的基因对					
		AA-AA	AA-Aa	AA-aa	Aa-Aa	Aa-aa	aa-aa
后代基因对	AA	1	1/2	0	1/4	0	0
	Aa	0	1/2	1	1/2	1/2	0
	aa	0	0	0	1/4	1/2	1

令 a_n，b_n，c_n（$n=0$，1，2，…）分别表示第 n 代金鱼草开红花、粉红色花和白花（或基因对为 AA，Aa，aa）的比例，$\boldsymbol{x}^{(n)}$ 为第 n 代金鱼草植物的基因对分布，则有

$$\boldsymbol{x}^{(n)} = (a_n，b_n，c_n)^{\mathrm{T}}$$

和
$$a_n+b_n+c_n=1, \quad n=0, 1, \cdots$$

用开红花的金鱼草一直作为亲体，分别与三种花色的金鱼草相结合，表示要选两个亲体分别为 AA - AA，AA - Aa 和 AA - aa 的方案培育金鱼草后代．由后代基因对的概率表，有
$$\begin{cases}a_n=1 \cdot a_{n-1}+0.5b_{n-1}+0 \cdot c_{n-1}\\ b_n=0 \cdot a_{n-1}+0.5b_{n-1}+1 \cdot c_{n-1} \quad (n=1, 2, \cdots)\\ c_n=0 \cdot a_{n-1}+0 \cdot b_{n-1}+0 \cdot c_{n-1}\end{cases}$$

用矩阵形式表示有
$$\boldsymbol{x}^{(n)}=\boldsymbol{M}\boldsymbol{x}^{(n-1)}, \quad n=1, 2, \cdots$$
其中
$$\boldsymbol{M}=\begin{bmatrix}1 & 0.5 & 0\\ 0 & 0.5 & 1\\ 0 & 0 & 0\end{bmatrix}$$

递推之，有第 n 代基因对的分布与初始分布的关系
$$\boldsymbol{x}^{(n)}=\boldsymbol{M}\boldsymbol{x}^{(n-1)}=\boldsymbol{M}^2\boldsymbol{x}^{(n-2)}=\cdots=\boldsymbol{M}^n\boldsymbol{x}^{(0)}$$
直接计算，有第 n 代金鱼草的三种花色的分布满足
$$\begin{cases}a_n=1-0.5^nb_0-05^{n-1} \cdot c_0\\ b_n=0.5^nb_0+0.5^{n-1}c_0 \quad (n=1, 2, \cdots)\\ c_n=0\end{cases}$$
当 $n\to\infty$ 时，有 $a_n\to1$，$b_n\to0$，$c_n\to0$．结果说明，不管最初花色分布如何，如果这种培育不断地做下去，金鱼草的花色将都是红色．

5.2.2　近亲结婚遗传问题

人们从无数事实中认识到血缘关系近的男女结婚，后代死亡率高，常出现痴呆、畸形和遗传病．这是因为近亲结婚的夫妇，从共同祖先那里获得了较多的相同基因，很容易使对后代生存不利的有害基因相遇（遗传学上叫做纯合），从而加重了有害基因对子代的危害程度．请用数学建模的方法解释这个问题．

1. 模型准备

人类回避近亲结婚主要是从婚后生育后代可能不健康来考虑的．要用数学建模的方法说明其原因，就要从人类遗传的基因变化规律来考察．人类的性染色体由总数 23 对染色体的其中一对组成，性染色体是以 X 和 Y 标示．拥有两个 X 染色体的个体是雌性，拥有 X 和 Y 染色体各一个的个体是雄性，因此雄性性染色体常记为 XY，雌性性染色体记为 XX．近亲结婚的染色体的配对称为自交对，近亲结婚的染色体的基因对称为自交对基因对．

每个人的基因序列上都会有不同的缺陷，但正常的人没有显现出来，因为是显性基因（正常基因）起决定作用．如果某人的基因上某段有缺陷，我们用小写字母 a 来表示该缺陷基因，相对应的该段正常基因用大写字母 A 表示，则此人该段基因组合就是 Aa．

一般情况下，X 染色体较大，携带的遗传资讯多于 Y 染色体．

2. 模型假设

① 只讨论近亲繁殖后代的情况，繁殖时染色体的交换是等可能的；

② 只讨论与性染色体 X 连锁的基因，不考虑与性染色体 Y 连锁的基因；

③ 与染色体 X 连锁的基因为 A 或 a，分别记为 X_A 和 X_a.

3. 模型建立

由假设，对雄性亲体来说，其染色体有两种形式：$X_A Y$ 和 $X_a Y$；而对雌性亲体来说，其染色体有三种形式：$X_A X_A$，$X_A X_a$，$X_a X_a$.

由假设③可知，染色体 X 的下标就是该染色体的基因，利用此特点可以写出自交对的基因型. 如假设当雄性 $X_A Y$ 与 雌性 $X_A X_a$ 交配，记为 $X_A Y - X_A X_a$，该代自交对的基因对就是 (A, Aa)，简记为 $A - Aa$.

考察第 $n-1$ 代自交对雄性 $X_A Y$ 与 雌性 $X_A X_a$ 交配，通过染色体的等可能交换，它们所生的下一代有四种组合：$X_A X_A$，$X_A X_a$，$X_A Y$，$X_a Y$. 这一代再等可能雌雄配对有四种情况

$$X_A Y - X_A X_A，\quad X_A Y - X_A X_a，\quad X_a Y - X_A X_A，\quad X_a Y - X_A X_a$$

对应的自交对基因对为

$$A - AA，\quad A - Aa，\quad a - AA，\quad a - Aa$$

这个结果说明当第 $n-1$ 代自交对基因对为 (A, Aa) 时，其下一代（第 n 代）会等可能地出现四个自交对基因对：(A, AA)，(A, Aa)，(a, AA)，(a, Aa). 由简单的概率计算知这四个自交对基因对出现的概率都为 1/4. 这样得出如下结论：

如果第 $n-1$ 代自交对基因对是 (A, Aa)，那么第 n 代自交对基因对将等可能（各 1/4）出现：(A, AA)，(A, Aa)，(a, AA)，(a, Aa).

因为雌雄亲体结成配偶共有 6 种基因类型：

$$(A, AA)，\quad (A, Aa)，\quad (A, aa)，\quad (a, AA)，\quad (a, Aa)，\quad (a, aa)$$

而近亲繁殖过程可由以上 6 种自交对基因对中的任何一种开始. 类似如上讨论可以得出第 $n-1$ 代自交对到第 n 代自交对基因对转移概率表（见表 5-2）.

表 5-2　自交对基因对的转移概率表

第 $n-1$ 代	第 n 代					
	(A, AA)	(A, Aa)	(A, aa)	(a, AA)	(a, Aa)	(a, aa)
(A, AA)	1	0	0	0	0	0
(A, Aa)	1/4	1/4	0	1/4	1/4	0
(A, aa)	0	0	0	0	1	0
(a, AA)	0	1	0	0	0	0
(a, Aa)	0	1/4	1/4	0	1/4	1/4
(a, aa)	0	0	0	0	0	1

注：表中黑体字部分，即为上文举例示意部分内容.

引入自交对基因对的数学符号如表 5-3 所示.

表 5 – 3　自交对基因对的数学符号

基因对	自交对基因对					
	$(A,\ AA)$	$(A,\ Aa)$	$(A,\ aa)$	$(a,\ AA)$	$(a,\ Aa)$	$(a,\ aa)$
基因对符号	e_1	e_2	e_3	e_4	e_5	e_6
第 n 代基因对符号	$e_1^{(n)}$	$e_2^{(n)}$	$e_3^{(n)}$	$e_4^{(n)}$	$e_5^{(n)}$	$e_6^{(n)}$

利用自交对基因对转移概率表，有第 $n-1$ 代自交对与第 n 代自交对基因对的数学模型为

$$
\begin{bmatrix} e_1^{(n)} \\ e_2^{(n)} \\ e_3^{(n)} \\ e_4^{(n)} \\ e_5^{(n)} \\ e_6^{(n)} \end{bmatrix}
=
\begin{bmatrix}
1 & 0 & 0 & 0 & 0 & 0 \\
1/4 & 1/4 & 0 & 1/4 & 1/4 & 0 \\
0 & 0 & 0 & 0 & 1 & 0 \\
0 & 1 & 0 & 0 & 0 & 0 \\
0 & 1/4 & 1/4 & 0 & 1/4 & 1/4 \\
0 & 0 & 0 & 0 & 0 & 1
\end{bmatrix}
\begin{bmatrix} e_1^{(n-1)} \\ e_2^{(n-1)} \\ e_3^{(n-1)} \\ e_4^{(n-1)} \\ e_5^{(n-1)} \\ e_6^{(n-1)} \end{bmatrix}
$$

记

$$
\boldsymbol{M}=
\begin{bmatrix}
1 & 0 & 0 & 0 & 0 & 0 \\
1/4 & 1/4 & 0 & 1/4 & 1/4 & 0 \\
0 & 0 & 0 & 0 & 1 & 0 \\
0 & 1 & 0 & 0 & 0 & 0 \\
0 & 1/4 & 1/4 & 0 & 1/4 & 1/4 \\
0 & 0 & 0 & 0 & 0 & 1
\end{bmatrix},
\quad
\boldsymbol{X}^{(n)}=
\begin{bmatrix} e_1^{(n)} \\ e_2^{(n)} \\ e_3^{(n)} \\ e_4^{(n)} \\ e_5^{(n)} \\ e_6^{(n)} \end{bmatrix}
$$

有

$$
\boldsymbol{X}^{(n)}=\boldsymbol{M}\boldsymbol{X}^{(n-1)}=\boldsymbol{M}^2\boldsymbol{X}^{(n-2)}=\cdots=\boldsymbol{M}^n\boldsymbol{X}^{(0)}
$$

对 $\boldsymbol{M}$ 进行对角化处理，得

$$
\boldsymbol{X}^{(n)}=\boldsymbol{P}\boldsymbol{D}^n\boldsymbol{P}^{-1}\boldsymbol{X}^{(0)}
$$

其中

$$
\boldsymbol{P}=\begin{bmatrix} \beta_1 & \beta_2 & \beta_3 & \beta_4 & \beta_5 & \beta_6 \end{bmatrix}
$$

$$
\boldsymbol{D}^n=
\begin{bmatrix}
1 & 0 & 0 & 0 & 0 & 0 \\
0 & 1 & 0 & 0 & 0 & 0 \\
0 & 0 & (1/2)^n & 0 & 0 & 0 \\
0 & 0 & 0 & (1/2)^n & 0 & 0 \\
0 & 0 & 0 & 0 & (1+\sqrt{5})^n/4^n & 0 \\
0 & 0 & 0 & 0 & 0 & (1+\sqrt{5})^n/4^n
\end{bmatrix}
$$

令 n 趋于无穷，有

$$
\boldsymbol{X}^{(n)}=\begin{bmatrix} e_1^{(n)} \\ e_2^{(n)} \\ e_3^{(n)} \\ e_4^{(n)} \\ e_5^{(n)} \\ e_6^{(n)} \end{bmatrix} \xrightarrow{n\to\infty} \begin{bmatrix} e_1^{(0)}+\dfrac{2}{3}e_2^{(0)}+\dfrac{1}{3}e_3^{(0)}+\dfrac{2}{3}e_4^{(0)}+\dfrac{1}{3}e_5^{(0)} \\ 0 \\ 0 \\ 0 \\ 0 \\ \dfrac{1}{3}e_2^{(0)}+\dfrac{2}{3}e_3^{(0)}+\dfrac{1}{3}e_4^{(0)}+\dfrac{2}{3}e_5^{(0)}+e_6^{(0)} \end{bmatrix} \tag{5-1}
$$

4. 模型讨论

从式（5-1）可以看出随着代数的增加，只有纯合自交对（A，AA）和（a，aa）的基因对保留下来，其他型的自交对将消失，说明所有自交对都趋于纯化基因对。

每个人的基因序列上都会有不同的缺陷，但是正常的人没有显现出来，因为在基因的表现上显性基因（正常基因）起决定作用。正常人甲基因上某段有缺陷，若用小写字母 a 来表示该缺陷基因，相对应的该段正常基因用大写字母 A 表示，那么甲的此段基因组合就是 Aa。类似地，乙在这同一段基因上有另外一种缺陷，用 b 来表示，正常为 B，则乙的此段基因组合就是 Bb。假如甲、乙为异性，结合后产生的后代基因重组就出现 AB，Ab，aB，ab 四种可能形式，前3种都是正常的，而只要 a 与 b 不同，则 ab 也还是正常的。但若 a 与 b 相同，就会将同一个基因缺陷纯化，此时对应的后代显示出缺陷表象，即该后代是一个有某种缺陷的后代。我们的模型结果得出的自交对都趋于纯化基因对，说明近亲结婚产生有缺陷后代的可能性是较大的，因此要避免近亲结婚。

5.3　随机模拟问题

1. 问题的提出

克灵特·康利是康利渔业有限公司的总经理，管理一支由50条渔船组成的捕捞船队，他们在马萨诸塞州新百利港外作业，捕捞鳕鱼。每个工作日清早出海，常常是过中午方能结束作业，返回渔港将捕到的鱼卖出。受需求所制，捕到的鱼价格因地而异。有时在一个港市因需求有限，卖不出去，再驶奔其他港市就会来不及，此时只能将捕到的鱼倒入大海。每条船究竟能捕捞多少、卖出去多少、卖到什么价钱都是不确定的，因而公司每日的收益也就是不确定的。

为了把问题简单化，这里只讨论一条船的产销问题。假设它每天的鳕鱼捕捞量是恒定的3 500磅，还知道每日的运作成本是10 000美元。再假设该船只有两种选择，或驶到格劳斯特港去卖鱼或驶到洛科泊特港去卖鱼。格劳斯特港鳕鱼的收购价在一段时间内稳定在3.25美元/磅，洛科泊特港的价格水平总的来说要高于格劳斯特港，但变化较大。

克灵特·康利估计洛科泊特港的价格服从正态分布，期望值是3.65美元/磅，标准差为0.20美元/磅。此外，两地的吞吐能力也不同，格劳斯特港有非常大的鳕鱼交易市场，康利公司在那儿卖鱼从未遇到过限制；而洛科泊特港的鳕鱼交易市场相比之下要小得多，康利公司有时只能卖出去部分捕到的鱼，有时甚至一磅也卖不成。克灵特·康利估计洛科泊特港的鳕鱼需求量服从一个离散概率分布（见表5-4）。假设洛科泊特港的鳕鱼需求量与其收购价相互独立.

表 5 - 4 洛科泊特港鳕鱼需求量的概率分布

需求量/磅	概率	需求量/磅	概率
0	0.02	4 000	0.33
1 000	0.03	5 000	0.29
2 000	0.05	6 000	0.20
3 000	0.08		

当每一天到来时，克灵特・康利都得思考究竟是到格劳斯特港还是到洛科泊特港卖鳕鱼，以便能获得更多的收益. 请尝试帮助克灵特・康利解决此问题.

2. 问题的分析与求解

解决克灵特・康利面临的售鱼港口选择问题，可以从每天在两个港口卖鳕鱼的收益着手. 由题意有：到格劳斯特港卖鳕鱼的收益为

$$G = 3.25 \times 3\ 500 - 10\ 000 = 1\ 375(美元)$$

洛科泊特港的问题就复杂了，价格和需求都不确定，是随机问题. 用 F 表示收益，P 表示价格，D 表示需求量，则有下式成立

$$F = P \times \min\{3\ 500, D\} - 10\ 000 = \begin{cases} P \times 3\ 500 - 10\ 000, & D \geqslant 3\ 500 \\ P \times D - 10000, & D < 3\ 500 \end{cases}$$

这里，具体到某一天的价格 P 和需求量 D 是随机数，有待于通过模拟产生，模拟的前提是：价格 P 服从正态分布，期望值是 3.65 美元/磅，标准差为 0.20 美元/磅；需求量 D 服从一个离散型分布，具体函数关系由表 5 - 4 确定. 计算机模拟的具体做法如下.

（1）模拟需求量

利用离散型随机变量分布函数的特点，把表 5 - 4 的单值概率分布改写成区间形式，这样可以使各数据区间的长度正好是对应的概率值（见表 5 - 5）.

表 5 - 5 洛科泊特港鳕鱼需求量与数据区间的对应

需求量/磅	概率	数据区间
0	0.02	0.00~0.02
1 000	0.03	0.02~0.05
2 000	0.05	0.05~0.10
3 000	0.08	0.10~0.18
4 000	0.33	0.18~0.51
5 000	0.29	0.51~0.80
6 000	0.20	0.80~1.00

用实数区间 [0，1] 上均匀分布的随机数取值即可得到落入各小区间的概率，从而得到相应的随机模拟需求量. 在计算机上编程产生一系列随机数，如 200 个，代表从第 1 天到第 200 天的运气，当然也可以取其他的天数. 如果某一天的随机数落在表 5 - 5 第 3 列的某一个区间，就模拟这天的需求量，它即为表内与该区间数字同一行的第 1 列的数字. 例如，某日

的随机数是 0.29，它落在表内第 3 列数据的第 5 行（0.18～0.51），这天的需求量模拟值就是 4 000 磅．约定一个规则：若随机数恰是某个区间的上限，则取下一行的磅数．例如，某日的随机数是 0.18，它是表内第 3 列数据的第 4 行（0.10～0.18）区间的上限，则这天的需求量模拟值取下一行的 4 000 磅．用 $q_1, q_2, \cdots, q_7$ 表示 7 个数据区间的上限值

$$0.02, 0.05, 0.10, 0.18, 0.51, 0.80, 1.00$$

则有任给一个随机数 r，当 $q_i \leqslant r < q_{i+1}$ 时，该天的需求量取第 i 个值．依据以上做法模拟生成 200 天的需求量，算法如下：

① 输入洛科泊特港鳕鱼需求量概率表和需求量表；

② 根据需求量概率表计算出 $[0, 1]$ 区间的分割点 $q_1, q_2, \cdots, q_7$，获得 7 个小区间；

③ 输入模拟天数 m，随机产生 m 个 $[0, 1]$ 内的随机实数；

④ 根据随机实数落入的区间，确定该天的模拟需求量．

根据如上算法编程计算得到如表 5 - 6 所示的 200 天需求量模拟结果．

表 5 - 6　200 天需求量模拟结果（自左往右，自上而下）　　　　　　　　单位：磅

4 000	6 000	4 000	3 000	5 000	4 000	2 000	4 000	5 000	5 000
2 000	5 000	2 000	5 000	5 000	4 000	5 000	4 000	1 000	4 000
6 000	4 000	6 000	6 000	5 000	4 000	5 000	5 000	1 000	1 000
5 000	4 000	4 000	4 000	4 000	5 000	4 000	6 000	5 000	4 000
5 000	5 000	5 000	6 000	5 000	4 000	6 000	6 000	1 000	5 000
3 000	3 000	6 000	0	5 000	5 000	4 000	5 000	2 000	1 000
4 000	5 000	4 000	5 000	5 000	3 000	5 000	5 000	3 000	6 000
5 000	6 000	3 000	5 000	4 000	5 000	3 000	5 000	6 000	1 000
5 000	4 000	6 000	6 000	4 000	4 000	5 000	4 000	5 000	4 000
1 000	4 000	4 000	5 000	4 000	5 000	4 000	5 000	6 000	6 000
3 000	6 000	0	6 000	5 000	5 000	5 000	5 000	4 000	4 000
5 000	5 000	6 000	6 000	5 000	0	4 000	4 000	4 000	4 000
3 000	5 000	4 000	5 000	6 000	4 000	5 000	5 000	4 000	6 000
3 000	6 000	4 000	5 000	4 000	4 000	2 000	6 000	6 000	4 000
5 000	5 000	5 000	4 000	4 000	6 000	4 000	5 000	4 000	5 000
2 000	5 000	3 000	4 000	4 000	5 000	4 000	5 000	4 000	5 000
3 000	4 000	5 000	4 000	5 000	6 000	6 000	4 000	3 000	1 000
5 000	0	5 000	6 000	4 000	4 000	5 000	5 000	4 000	4 000
4 000	4 000	4 000	4 000	4 000	5 000	4 000	5 000	5 000	6 000
4 000	3 000	5 000	4 000	6 000	3 000	6 000	6 000	5 000	6 000

（2）价格 P 的模拟

上面提及"克灵特·康利估计洛科泊特港的价格服从正态分布，期望值是 3.65 美元/磅，标准差为 0.20 美元/磅"．只要指定概率分布的参数，计算机就能生成服从既定分布的数据．要获得服从期望值是 3.65 美元/磅、标准差为 0.20 美元/磅的正态分布随机数，很多数学软件都有专门的命令来完成这项工作，这里使用 Mathematica 软件获得 200 个服从正态分布 $N(3.65, 0.2)$ 的随机数，这 200 个随机数代表克灵特·康利估计的洛科泊特港的 200 天的价格，模拟结果见表 5 - 7．

表 5 - 7　200 天价格模拟结果（自上而下，自左至右）　　　　　　　　　单位：美元

3.737 8	3.721 2	3.345 9	3.775 7	3.722 0	3.901 4	3.671 5	3.996 1	4.066 2	3.370 4
3.941 7	3.428 3	3.511 3	4.066 4	3.764 8	4.281 3	2.975 1	3.453 2	3.613 8	3.588 7
3.831 9	3.645 0	3.825 3	3.776 5	3.849 6	3.506 9	3.415 1	3.545 7	3.566 8	3.468 0
3.520 8	3.843 7	3.534 3	3.598 1	4.038 9	3.620 1	3.946 9	3.880 6	3.719 2	3.671 8
3.804 3	3.387 1	3.533 2	3.625 8	3.652 7	3.318 1	3.935 2	3.838 9	3.500 5	3.554 5
3.819 2	3.855 3	3.345 4	3.462 9	3.866 7	3.499 7	3.463 8	3.686 0	4.130 2	3.427 4
3.676 6	3.145 2	3.687 0	3.335 6	3.658 2	3.627 4	3.816 8	3.731 0	3.522 9	3.691 0
3.541 7	3.665 3	3.543 7	3.652 6	3.897 4	4.305 9	3.841 7	3.403 2	3.758 8	3.298 4
3.708 9	3.640 8	3.566 9	3.573 8	3.760 7	3.906 5	3.665 7	3.779 0	3.769 1	3.491 2
3.450 7	3.328 6	3.617 6	3.493 6	3.526 8	3.638 8	3.564 4	3.430 3	3.732 8	3.546 1
3.958 0	3.635 0	3.883 5	3.769 3	3.606 6	3.524 5	3.567 2	3.602 3	3.816 2	3.695 9
3.598 7	3.373 6	3.436 8	3.831 4	3.743 3	3.610 7	3.332 1	3.266 9	3.772 2	3.397 9
3.704 6	3.472 3	3.285 8	3.625 9	3.659 9	3.251 5	3.158 8	3.540 0	3.829 9	3.452 1
3.673 4	3.693 7	3.976 7	3.756 1	3.602 8	3.597 0	3.881 5	3.801 8	3.650 2	3.897 7
3.925 0	3.660 8	3.592 5	3.531 3	3.790 5	3.659 2	3.824 3	3.995 8	3.685 9	3.720 9
3.376 6	3.881 9	3.333 1	3.994 6	3.523 7	3.632 1	3.353 4	4.012 5	3.924 3	3.851 5
3.733 4	3.717 6	3.549 2	3.668 7	3.509 8	3.538 9	3.944 8	3.740 9	4.123 4	3.191 4
3.485 5	3.687 9	3.747 9	3.455 3	3.536 7	3.595 0	3.724 8	3.717 2	3.947 1	3.638 3
3.675 3	3.590 1	3.780 9	3.557 9	3.677 2	3.735 3	3.648 2	3.719 7	3.506 6	3.567 3
3.672 7	3.852 6	3.577 0	3.634 1	3.569 0	3.630 5	3.932 7	3.617 5	3.876 4	3.760 1

（3）根据公式计算模拟日收益

将表 5 - 6 和表 5 - 7 中的数据逐一代入公式 $F = P \times \min\{3\,500, D\} - 10\,000$，就得到每天的模拟收益. 去掉小数部分得到 200 天的模拟收益，如表 5 - 8 所示.

表 5 - 8　200 天模拟收益（自上而下，自左至右）　　　　　　　　　单位：美元

3 082	3 024	1 710	3 215	3 027	1 704	1 014	3 986	2 198	1 796
3 795	1 999	2 289	4 232	3 176	4 984	412	2 086	2 648	2 560
3 411	2 757	3 388	3 217	3 473	−10 000	1 953	2 410	2 483	2 138
562	3 453	2 370	2 593	4 136	2 670	3 814	3 582	3 017	2 851
3 315	1 855	2 366	2 690	2 784	1 613	3 773	3 436	2 251	2 441
3 367	3 493	1 708	388	3 533	2 249	2 123	2 901	4 455	1 996
−2 646	1 008	2 904	1 674	2 803	882	3 359	3 058	2 330	2 918
2 396	2 828	2 403	2 784	3 640	5 070	3 445	1 911	3 155	1 544
2 981	−6 359	−6 433	721	3 162	3 673	2 830	3 226	1 307	2 219
2 077	−6 671	−6 382	2 227	2 343	2 736	2 475	2 006	−6 267	24 112
−2 083	2 722	1 650	3 192	−6 393	2 335	701	−2 795	3 356	935
2 595	1 807	310	3 410	3 101	2 637	1 662	1 434	−10 000	193
−2 590	2 153	1 500	877	2 809	1 380	1 056	620	3 404	2 082
2 857	2 928	−10 000	3 146	2 610	2 589	3 585	3 306	2 775	3 641
3 737	2 812	2 573	2 359	3 266	2 807	3 385	3 985	2 900	3 023
1 818	3 586	1 665	3 981	2 333	−10 000	1 736	4 043	3 735	1 554
3 066	3 011	2 422	1 006	2 284	2 386	−2 110	3 093	4 432	1 170
2 199	2 907	3 117	2 093	2 378	2 582	3 036	3 010	3 815	2 734
−6 324	2 565	−2 438	2 452	2 870	3 073	2 768	3 019	2 273	2 485
2 854	3 484	−6 422	−6 365	2 491	2 706	3 764	2 661	3 567	3 160

（4）收益分析

① 收益范围处于 −10 000 美元到 5 070 美元之间，这又可以划分成两个区间：亏损区间（−10 000，−2 083）美元，在跨度为 7 917 美元的范围内，仅散布有 19 个数值；盈利区间（193，5 070）美元，在跨度不足 5 000 美元的范围内，散布有 181 个数值. 分正负两段进行频数分析，如表 5 - 9 所示.

从表 5-9 中可以看出，亏损的分布律不强，而表 5-10 表明，各日的盈利情况呈现了快速向中间（2 500～3 000 美元）集中且左右大致对称的趋势．将这组数据画成直方图，更能显示这种趋势，如图 5-1 所示．

表 5-9　亏损额的频数分布

收益/美元	日数
(-10 000～-8 000)	4
(-8 000～-6 000)	9
(-6 000～-4 000)	0
(-4 000～-2 000)	6
(-2 000～0)	0
合计	19

表 5-10　盈利额的频数分布

收益/美元	日数
0～500	4
500～1 000	6
1 000～1 500	8
1 500～2 000	20
2 000～2 500	37
2 500～3 000	40
3 000～3 500	41
3 5000～4 000	18
4 000～4 500	5
4 500～5 000	2
合计	181

② 亏损日为 19 天，亏损概率约为 9.5%.

③ 如果把 200 天的收益合起来看，会呈现典型的左偏分布态势．以零（不亏不赚）为界，曲线下大约 9% 的面积由零向左延伸至 -10 000 美元，另外 90.5% 的面积从理论上说由零向右无限延伸，但极不可能超过至 5 000 美元．

④ 因为整个的收益分布不服从正态分布，我们无法直接计算卖到洛科泊特港的期望收益低于卖到格劳斯特港 1 375 美元收益的概率．现在只知道低于 0 的概率是 0.095，那么不低于 0 的概率就是

$$P(X \geqslant 0) = 0.905$$

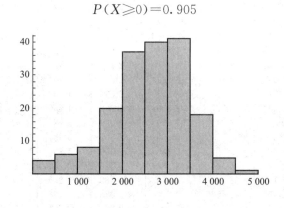

图 5-1

若再把盈利看成一个整体，这其中低于 1 375 美元的概率又是多少呢？利用统计推断，可以推断出盈利服从期望值为 2 600 美元、标准差为 950 美元的正态分布．在这个正态分布下，低于 1 375 美元的概率是

$$P(X < 1375 \mid X \geqslant 0) = 0.099$$

而在整个盈利中出现盈利在 1 375 美元以下的概率是

$$P(0 \leqslant X \leqslant 1\ 375) = 0.099 \times 0.905 = 0.089\ 595$$

收益在 1 375 美元以下的概率是

$$P(0 \leqslant X \leqslant 1\ 375) + P(X < 0) = 0.089\ 595 + 0.095 = 0.184\ 59 \approx 0.18$$

（5）决策

上文用随机模拟方式模拟了洛科泊特港对鳕鱼的需求、收购价格和康利公司捕鱼、售鱼的收益，并对盈亏情况进行了讨论。下面将之与到格劳斯特港卖鱼的收益进行对比，最终为康利公司究竟到哪里卖鱼提供决策依据。

① 表 5 - 8 所列的 200 天模拟收益的平均数是 2 630.63 美元，可以视其为在洛科泊特港卖鱼的期望收益，因此到洛科泊特港与格劳斯特港卖鱼的期望收益之差是

$$2\ 630.60 - 1\ 375 = 1\ 255.63（美元）$$

② 卖到洛科泊特港的期望收益比卖到格劳斯特港的期望收益高出 91.31%。

③ 卖到洛科泊特港发生损失的概率是 9%。

④ 卖到洛科泊特港的期望收益低于卖到格劳斯特港收益的概率是 0.18。

模拟的结论是：对康利公司售鱼获利而言，洛科泊特港与格劳斯特港的机会大约是 4：1。如果克灵特·康利具有一定的冒险精神，他应该选择洛科泊特港而不是格劳斯特港作为其售鱼的码头，以追求较高的期望收益。同时也应该看到，去洛科泊特港售鱼的风险不小。

5.4　病人候诊问题

1. 问题的提出

某私人诊所只有一位医生，已知来看病的病人和该医生的诊病时间都是随机的，若病人的到达服从泊松分布且每小时有 4 位病人到来，看病时间服从负指数分布，平均每个病人需要 12 min。试分析该诊所的工作状况（即求该诊所内排队候诊病人的期望、病人看一次病平均所需的时间、医生空闲的概率等）。

2. 模型的准备

本题是典型的排队论问题，也是一个典型的单通道服务排队系统。排队论也称随机服务系统理论，它涉及的排队现象非常广泛，如病人候诊、顾客到商店购物、轮船入港、机器等待修理等。排队论的目的是研究排队系统的运行效率，估计服务质量，并在顾客和服务机构的规模之间进行协调，以确定系统的结构是否合理。在排队论中，判断系统运行优劣的基本数量指标通常有以下几种。

① 排队系统的队长。即指排队系统中的顾客数，它的期望值记为 L。相应的排队系统中等待服务的顾客数，其期望值记为 L_q。显然，L 或 L_q 越大，说明服务效率越低。

② 等待时间。即指一顾客在排队系统中等待服务的时间，其期望值记为 W_q。相应地，逗留时间是指一个顾客在排队系统中停留的时间，即从进入服务系统到服务完毕的整个时间，其期望值记为 W。

③ 忙期。指从顾客到达空闲服务机构起到服务机构再次为空闲止这段时间长度，即服务机构连续工作的时间长度。

此外，还有服务设备利用率、顾客损失率等一些指标.

排队论中的排队系统由下列三部分组成.

① 输入过程. 即顾客来到服务台的概率分布. 在输入过程中要弄清楚顾客按怎样的规律到达.

② 排队规则. 即顾客排队和等待的规则，排队规则一般有即时制和等待制两种. 所谓即时制，就是当服务台被占用时顾客便随即离去；等待制就是当服务台被占用时顾客排队等待服务. 等待制服务的次序规则有先到先服务、随机服务、有优先权的先服务等.

③ 服务机构. 其主要特征为服务台的数目、服务时间的分布. 服务机构可以是没有服务员的，也可以有一个或多个服务员；可以对单独顾客进行服务，也可以对成批顾客进行服务. 和输入过程一样，多数的服务时间都是随机的，但通常假定服务时间的分布是平稳的.

要解决这里的病人候诊问题，只要分析排队论中最简单的单服务台排队问题即可. 所谓单服务台，是指服务机构由一个服务员组成，并对顾客进行单独的服务. 下面通过对这类问题的分析和讨论解决病人候诊问题.

3. 模型假设

根据实际问题进行如下假设.

① 顾客源无限，顾客单个到来且相互独立，顾客流平稳，不考虑出现高峰期和空闲期的可能性.

② 排队方式为单一队列的等待制，先到先服务，且队长没有限制.

③ 顾客流服从参数为 λ 的泊松分布，其中 λ 是单位时间到达顾客的平均数.

④ 各顾客的服务时间服从参数为 μ 的负指数分布，其中 μ 表示单位时间内能服务完的顾客的平均数.

⑤ 顾客到达的时间间隔和服务时间是相互独立的.

4. 模型的分析与建立

为了确定系统的状态，用 $p_n(t)$ 表示在 t 时刻排队系统中有 n 个顾客的概率. 由假设知，当 Δt 充分小时，在 $[t, t+\Delta t]$ 时间间隔内有一个顾客到达的概率为 $\lambda\Delta t$，有一个顾客离开的概率为 $\mu\Delta t$，多于一个顾客到达或离开的概率为 $o(\Delta t)$（可忽略）.

在 $t, t+\Delta t$ 时刻，系统有 n 个顾客的状态可由下列 4 个互不相容的事件组成.

① t 时刻有 n 个顾客，在 $[t, t+\Delta t]$ 内没有顾客到来，也没有顾客离开，其概率为 $(1-\lambda\Delta t)(1-\mu\Delta t)p_n(t)$；

② t 时刻有 n 个顾客，在 $[t, t+\Delta t]$ 内有一个顾客到来，同时也有一个顾客离开，其概率为 $\lambda\Delta t\mu\Delta t p_n(t)$；

③ t 时刻有 $n-1$ 个顾客，在 $[t, t+\Delta t]$ 内有一个顾客到来，没有顾客离开，其概率为 $\lambda\Delta t(1-\mu\Delta t)p_n(t)$；

④ t 时刻有 $n+1$ 个顾客，在 $[t, t+\Delta t]$ 内没有顾客到来，有一个顾客离开，其概率为 $(1-\lambda\Delta t)\mu\Delta t p_n(t)$.

因此在 $t+\Delta t$ 时刻，系统中有 n 个顾客的概率为 $p_n(t+\Delta t)$，且有

$$p_n(t+\Delta t)=p_n(t)(1-\lambda\Delta t-\mu\Delta t)+p_{n+1}(t)\mu\Delta t+p_{n-1}(t)\lambda\Delta t+o(\Delta t)$$

$$\frac{p_n(t+\Delta t)-p_n(t)}{\Delta t}=\lambda p_{n-1}(t)+\mu p_{n+1}(t)-(\lambda+\mu)\cdot p_n(t)+\frac{o(\Delta t)}{\Delta t}$$

令 $\Delta t \rightarrow 0$，得

$$\frac{\mathrm{d}p_n(t)}{\mathrm{d}t} = \lambda p_{n-1}(t) + \mu p_{n+1}(t) - (\lambda + \mu)p_n(t) \quad (n = 1, 2, \cdots)$$

考虑特殊情形，即当 $n = 0$ 时，在 $t + \Delta t$ 时刻系统内没有顾客的状态，同理它由以下 3 个互不相容的事件组成.

① t 时刻系统中没有顾客，在 $[t, t + \Delta t]$ 内没有顾客来，概率为 $(1 - \lambda \Delta t)p_0(t)$；

② t 时刻系统中没有顾客，在 $[t, t + \Delta t]$ 内有一个顾客到达，接受完服务后又离开，其概率为 $\lambda \Delta t \mu \Delta t p_0(t)$；

③ t 时刻系统内有一个顾客，在 $[t, t + \Delta t]$ 内该顾客离开，没有顾客来，其概率为 $(1 - \lambda \Delta t)\mu \Delta t p_1(t)$.

从而有

$$\frac{\mathrm{d}p_0(t)}{\mathrm{d}t} = -\lambda p_0(t) + \mu p_1(t)$$

因此得到系统状态应满足的模型为

$$\begin{cases} \dfrac{\mathrm{d}p_0(t)}{\mathrm{d}t} = -\lambda p_0(t) + \mu p_1(t) \\ \dfrac{\mathrm{d}p_n(t)}{\mathrm{d}t} = \lambda p_{n-1}(t) + \mu p_{n+1}(t) - (\lambda + \mu)p_n(t) \quad (n = 1, 2, \cdots) \end{cases}$$

5. 模型求解

为了评估系统的服务质量，判断其运行特征，需要根据上述模型求解该系统的如下运行指标：系统中平均顾客数 L；系统中平均正在排队的顾客数 L_q；顾客在系统中平均逗留时间 W；顾客平均排队等待的时间 W_q；系统内服务台空闲的概率，即顾客来后无需等待的概率 p_0.

所求得的模型是由无限个方程组成的微分方程组，求解过程相当复杂. 在实际应用中，只需要知道系统在运行了很长时间后的稳态解，即假设当 t 充分大时，系统的概率分布不再随时间变化，达到统计平衡.

在稳态时，$p_n(t)$ 与 t 无关，即 $\dfrac{\mathrm{d}p_n(t)}{\mathrm{d}t} = 0$. 用 p_n 来表示 $p_n(t)$，从而可得差分方程

$$\begin{cases} -\lambda p_0 + \mu p_1 = 0 \\ \lambda p_{n-1} + \mu p_{n+1} - (\lambda + \mu)p_n = 0 \quad (n \geqslant 1) \end{cases} \tag{5-2}$$

令 $\rho = \dfrac{\lambda}{\mu}$，它表示平均每单位时间内系统可以为顾客服务的时间比例，它是刻画服务效率和服务机构利用程度的重要标志，称其为服务强度. 问题求解将在 $\rho < 1$ 的条件下进行，否则系统内排队的长度将无穷增大，永远不能达到稳定状态.

由差分方程 (5-2)，得

$$p_n = \rho^n p_0 \quad (n = 1, 2, \cdots)$$

又由概率的性质 $\displaystyle\sum_{n=0}^{\infty} p_n = 1$ 和 $\rho < 1$，得

$$p_0 = \left(\sum_{n=0}^{\infty} \rho^n\right)^{-1} = \left(\frac{1}{1-\rho}\right)^{-1} = 1 - \rho$$

从而

$$p_n = \rho^n(1-\rho) \quad (n=0, 1, 2, \cdots)$$

于是可得系统中平均顾客数 L 为

$$L = \sum_{n=0}^{\infty} n p_n = \sum_{n=1}^{\infty} n(1-\rho)\rho^n = \frac{\rho}{1-\rho} = \frac{\lambda}{\mu-\lambda}$$

排队等待服务的顾客平均数 L_q 为

$$L_q = \sum_{n=1}^{\infty} (n-1) p_n = \sum_{n=1}^{\infty} (n-1)\rho^n(1-\rho) = \frac{\rho^2}{1-\rho} = \frac{\lambda^2}{\mu(\mu-\lambda)}$$

在系统中顾客平均排队等待的时间 W_q 为

$$W_q = \sum_{n=1}^{\infty} \frac{n}{\mu} p_n = \frac{\lambda}{\mu(\mu-\lambda)}$$

顾客在系统中平均逗留时间为

$$W = W_q + \frac{1}{\mu} = \frac{1}{\mu-\lambda}$$

对病人候诊问题，候诊的病人即为"顾客"，医生即为提供服务的人，称为"服务员". 候诊的病人和医生组成一个单服务台的排队系统. 由题意知 $\lambda=4$，$\mu=5$，$\rho=\frac{4}{5}$，从而该诊所内平均有病人数为

$$L = \frac{\rho}{1-\rho} = 4(人)$$

该诊所内排队候诊病人的平均数为

$$L_q = \frac{\rho^2}{1-\rho} = \frac{16}{5} = 3.2(人)$$

排队等候看病的平均时间为

$$W_q = \frac{\lambda}{\mu(\mu-\lambda)} = \frac{4}{5} = 0.8(h)$$

看一次病平均所需的时间为

$$W = W_q + \frac{1}{\mu} = 1(h)$$

诊所医生空闲的概率，即诊所中没有病人的概率为

$$p_0 = \frac{1}{5}$$

6. 模型推广

病人候诊这类问题所涉及的是建立一类数学模型，借以对随机产生的需求提供服务的系统预测其行为. 在上述的建模中，考虑的是顾客源为无限的情形，在实际情况下，常考虑系统容量有限的模型（简称为模型）. 对于这类模型，可以在模型假设中将原模型假设①中的"认为顾客源无限"改为"认为排队系统的容量为 N，即排队等待的顾客最多为 $N-1$，在某时刻一顾客到达时，若系统中已有 N 个顾客，那么这个顾客就被拒绝进入系统"，其他假设一样.

同样研究系统中有 n 个顾客的概率 $p_n(t)$，类似可得

$$\begin{cases} p_0'(t)=-\lambda p_0(t)+\mu p_1(t) \\ p_n'(t)=\lambda p_{n-1}(t)+\mu p_{n+1}(t)-(\lambda+\mu)p_n(t) \quad (n=1,2,\cdots,N-1) \end{cases}$$

当 $n=N$ 时，由同样的方法得

$$p_N'(t)=\lambda p_{N-1}(t)-\mu p_N(t)$$

在稳态情况下，令 $\rho=\dfrac{\lambda}{\mu}$，得

$$\begin{cases} p_1=\rho p_0 \\ p_{n+1}+\rho p_{n-1}=(1+\rho)p_n \quad (n=1,2,\cdots,N-1) \\ p_N=\rho p_{N-1} \end{cases}$$

在条件 $\sum\limits_{n=0}^{N} p_n=1$ 下，解得

$$\begin{cases} p_0=p_1=\cdots=p_N=\dfrac{1}{N+1}, \quad \rho=1 \\ p_n=\dfrac{1-\rho}{1-\rho^{N+1}}\rho^n, \quad n\leq N,\ \rho\neq1 \end{cases}$$

这里不用假设 $\rho<1$（因为已经限制了系统的容量），从而得到各种指标为

$$L=\sum_{n=0}^{N} n p_n=\sum_{n=0}^{N}\frac{n}{N+1} \quad (\rho=1)$$

$$L=\sum_{n=0}^{N} n p_n=\sum_{n=0}^{N}\frac{n(1-\rho)\rho^n}{1-\rho^{N+1}}=\frac{\rho}{1-\rho}-\frac{(N+1)\rho^{N+1}}{1-\rho^{N+1}} \quad (\rho\neq1)$$

$$L_q=\sum_{n=1}^{N}(n-1)p_n=L-(1-p_0)=\begin{cases} \dfrac{N}{2}-\dfrac{N}{N+1}, & \rho=1 \\ \dfrac{\rho}{1-\rho}-\dfrac{N\rho^{N+1}-\rho}{1-\rho^{N+1}}, & \rho\neq1 \end{cases}$$

$$W=\frac{L}{\lambda_{效}}$$

$$W_q=W-\frac{1}{\mu}$$

应该指出，$\lambda_{效}$ 是指有效到达率，它与平均到达率 λ 不同. 这里在 W,W_q 的导出过程中用 $\lambda_{效}$ 而不采用 λ，主要是由于当系统已满时，顾客的实际到达率为零，又因为正在被服务的顾客的平均数为 $\sum\limits_{n=0}^{1} n p_n=0\cdot p_0+1\cdot(1-p_0)=1-p_0$，且概率 $1-p_0=\dfrac{\lambda_{效}}{\mu}$，从而 $\lambda_{效}=\mu(1-p_0)$.

把病人候诊问题修改为"某私人诊所只有一位医生，诊所内有 6 个椅子，当 6 个椅子都坐满时，后来的病人不进诊所就离开，病人平均到达率为 4 人/h，医生每小时可诊 5 个病人，试分析该服务系统."修改后的问题就可以用系统容量有限的模型来求解.

此时，由题意知 $N=7$，$\lambda=4$，$\mu=5$，$\rho=\dfrac{4}{5}$，从而诊所医生空闲的概率为

$$p_0 = \frac{1-\rho}{1-\rho^{N+1}} = \frac{1-\frac{4}{5}}{1-\left(\frac{4}{5}\right)^8} = 0.24$$

平均需要等待的顾客数量为

$$L = \frac{\frac{4}{5}}{1-\frac{4}{5}} - \frac{8 \times \left(\frac{4}{5}\right)^8}{1-\left(\frac{4}{5}\right)^8} = 4 - 1.61 = 2.39(人)$$

$$L_q = L - (1-p_0) = 2.39 - (1-0.24) = 1.63(人)$$

有效到达率为

$$\lambda_{效} = \mu(1-p_0) = 5(1-0.24) = 3.8(人/h)$$

病人在诊所中平均逗留时间为

$$W = \frac{L}{\lambda_{效}} = \frac{2.39}{3.8} \approx 0.63(h)$$

7. 一些注解

1）关于排队系统

一般地，用 $G_1/G_2/S$ 代表一个排队系统，其中 G_1 代表到达顾客数服从 G_1 分布；G_2 代表对每一个顾客的服务时间服从 G_2 分布；S 代表该系统内有 S 个服务人员.

2）假设的依据

模型的假设③"假设顾客流满足参数为 λ 的泊松分布，其中 λ 是单位时间到达顾客的平均数"和假设⑤"顾客到达的时间间隔和服务时间是相互独立的"是根据随机过程的一个结论"顾客相继到达的时间间隔独立且为负指数分布的充要条件是输入过程服从泊松分布"给出的.

3）顾客流和服务时间的分布

虽然顾客流不一定只服从泊松分布，而服务时间也不一定只服从负指数分布，但一般情况下对顾客流的讨论都认为是泊松分布，而服务时间可认为是正态分布及 Γ 分布，只是后者使得分析更为复杂.

例如，假定：①顾客在 $[0, t]$ 内按泊松分布规律到达服务点；②一个服务员；③服务时间为 Γ 分布的随机变量，其参数为 k，μ，即服务时间的概率密度为

$$f(t) = \mu e^{-\mu t} \cdot \frac{(\mu t)^{k-1}}{(k-1)!} \quad (t \geq 0; k, \mu \text{ 为常数})$$

当讨论这个题目时，可以将以 (k, μ) 为参数的 Γ 分布的随机变量看作 k 个独立同负指数分布的随机变量之和，故可把本问题看成"顾客成批到达，每批 k 个顾客；$[0, t]$ 内到达的批数服从泊松分布，其参数为 λ；一个服务员，服务时间为负指数分布的随机变量，平均服务时间为 $\frac{1}{\mu}$"的这样 个排队服务问题.

4）常系数差分方程及求解方法

方程

$$y_{n+k}+a_{k-1}y_{n+k-1}+\cdots+a_1y_{n+1}+a_0y_n=0 \qquad (5\text{-}3)$$

称为 k 阶齐次线性差分方程. 其中，a_0，a_1，$\cdots$，a_{k-1} 是常数，$a_0\neq0$.

差分方程（5-3）的解法为：用 $y_n=r^n$，$r\neq0$ 代入方程（5-3），消去 r^n，得特征方程为

$$r^k+a_{k-1}r^{k-1}+\cdots+a_1r+a_0=0 \qquad (5\text{-}4)$$

设方程（5-4）有 k 个不同的根 r_1，r_2，$\cdots$，r_k，则差分方程（5-3）的一般解可以表示为

$$y_n=c_1r_1^n+c_2r_2^n+\cdots+c_kr_k^n$$

其中，c_1，c_2，$\cdots$，c_k 是任意常数.

📟 习题与思考

1. 人类眼睛的颜色也是通过常染色体遗传控制的. 基因对是 AA 或 Aa 的人，眼睛为棕色，基因对是 aa 的人，眼睛为蓝色. 这里因为 AA 和 Aa 都表示了同一外部特征，故说基因 A 支配基因 a，或基因 a 对于 A 来说是隐性的. 若眼睛为棕色的人与眼睛为棕色或眼睛为蓝色的人通婚，其后代的眼睛颜色会如何？

2. 若在常染色体遗传问题中，不选用基因对 AA 的金鱼草植物与每一种金鱼草植物结合，而是将具有相同基因对的金鱼草植物相结合，那么其后代具有三种基因对的概率是多少？有什么样的基因分布规律？

3. 随机模拟问题的案例是建立在一次模拟 200 天数据的基础上讨论的. 如果加大样本量，或者模拟多次求其平均，结果会有什么变化？

4. （假期工作决策问题）比尔是麻省理工学院的学生，打算暑假打工以增加实践经验，并赚取下学期的费用. 前几天，他在飞机上遇到一个大公司的老板琼斯，并与其交谈是否能在来年暑期雇用他. 对方说可以考虑雇用他，但讨论具体雇用事项要到 11 月中旬以后. 此外，他的老师约翰也告诉他暑假期间有一份差事可以给他，报酬是 12 000 美元/12 周，但该工作只能给他保留到 10 月底，超过期限该工作将给别人. 另外，学校在每年的 1 月和 2 月还有招募工作的机会，现在比尔要做出决定暑假去哪里打工.

    假设这 3 份工作都可以给比尔提供工作经验，因此比尔在选择时最关心的是工作报酬. 为此，比尔对以往学校招募有关工作的报酬进行了调查. 调查结果得出以往学校招募工作的报酬分布为

整个暑期（12 周）的报酬/美元	2 160	1 680	12 000	6 000	0
学生获得该工作的百分比	5%	25%	40%	25%	5%

他又询问了一些在琼斯公司做过暑期工作的同学，得知该公司以往的暑期工作约为 14 000 美元/12 周. 此外，通过与琼斯的交谈，他发现琼斯比较欣赏自己，因此雇用自己的可能性应该超过 50%. 请用数学建模的方式帮助比尔做出一个暑期工作选择.

第6章 微分方程模型

在自然科学及工程、经济、医学、体育、生物、社会等学科的许多系统中，有时很难找到该系统有关变量之间的函数表达式，但却容易建立这些变量的微小增量或变化率之间的关系式，这个关系式就是微分方程模型. 从前面的章节可以看到在很多问题的数学建模中或多或少都涉及微分方程的概念和理论，这不足为怪，因为微分方程本身就是处理涉及变化率或增量特征的问题的方法. 为了让读者更好地掌握用微分方程方法建立数学模型，本章将介绍微分方程建模的方法和几个有特点的案例，以强化读者对微分方程建模的认识.

6.1 微分方程模型的建模步骤

下面以一个例子来说明建立微分方程模型的基本步骤.

【例6-1】 某人的食量是 10 467 J/d，其中 5 038 J/d 用于基本的新陈代谢（即自动消耗）. 在健身训练中，他每天大约每千克体重消耗 69 J 的热量. 假设以脂肪形式储藏的热量 100% 有效，且 1 kg 脂肪含热量 41 868 J. 试研究此人体重随时间变化的规律.

1. 模型分析

在问题中并未出现"变化率""导数"这样的关键词，但要寻找的是体重（记为 W）关于时间 t 的函数. 如果把体重 W 看作是时间 t 的连续可微函数，就能找到一个含有 $\dfrac{\mathrm{d}W}{\mathrm{d}t}$ 的微分方程.

2. 模型假设

① 以 $W(t)$ 表示 t 时刻某人的体重，单位为 kg，并设一天开始时此人的体重为 W_0；

② 体重的变化是一个渐变的过程，因此可认为 $W(t)$ 关于 t 是连续且充分光滑的；

③ 体重的变化等于输入与输出之差，其中输入是指扣除了基本新陈代谢之后的净食量吸收，输出就是进行健身训练时的消耗.

3. 模型建立

问题中所涉及的时间仅仅是"每天"，由此，对于"每天"

$$体重的变化 = \Delta W = 输入 - 输出$$

由于考虑的是体重随时间的变化情况，因此可得

$$每天体重的变化 = \frac{\Delta W}{\Delta t} = 每天输入 - 每天输出$$

代入具体的数值，得

$$每天输入 = 10\ 467 - 5\ 038 = 5\ 429\ (\mathrm{J/d})$$

$$每天输出＝69×W＝69W \ (\text{J/d})$$
$$每天输入－每天输出＝5\,429－69W \ (\text{J/d})$$

注意到 $\dfrac{\Delta W}{\Delta t}$ 的单位是 "kg/d"，而每天输入－每天输出的单位是 "J/d"，考虑单位的匹配，利用单位转换公式 "1 kg＝41 868 J"，于是有增量关系

$$\frac{\Delta W}{\Delta t}＝\frac{5\,429－69W}{41\,868} \ (\text{J/d})$$

取极限并加入初始条件，得微分方程模型

$$\begin{cases} \dfrac{\mathrm{d}W}{\mathrm{d}t}＝\dfrac{5\,429－69W}{41\,868}\approx\dfrac{1\,296－16W}{10\,000} \\ W\big|_{t=0}＝W_0 \end{cases}$$

4. 模型求解

用变量分离法求解可以得出模型解

$$W＝81－\left(\frac{1\,296－16W_0}{16}\right)\mathrm{e}^{-\frac{16t}{10\,000}}$$

它可以描述此人的体重随时间变化的规律.

5. 模型讨论

现在再来考虑：此人的体重会达到平衡吗？

显然由 W 的表达式，当 $t\to+\infty$ 时，体重有稳定值 $W\to81$. 也可以直接由模型方程来回答这个问题：

在平衡状态下，W 是不发生变化的，所以 $\dfrac{\mathrm{d}W}{\mathrm{d}t}＝0$，这就非常直接地给出了 $W_{平衡}＝81$. 所以，如果需要知道的仅仅是这个平衡值，就不必去求解微分方程了！至此，问题已基本得以解决.

一般地，建立微分方程模型，其方法可归纳如下.

① 根据规律列出方程. 利用数学、力学、物理、化学等学科中的定理或许多经过实践或实验检验的规律和定律，如牛顿运动定律、物质放射性规律、曲线的切线性质等建立问题的微分方程模型.

② 微元分析法. 寻求一些微元之间的关系式，在建立这些关系式时也要用到已知的规律与定理，与①的不同之处是对某些微元直接应用规律，而不是直接对函数及其导数应用规律，如例 6-1.

③ 模拟近似法. 在生物、经济等学科的实际问题中，许多现象的规律性不是很清楚，即使有所了解也是极其复杂的，常常需要用模拟近似的方法来建立微分方程模型. 建模是在不同的假设下模拟实际的现象，这个过程是近似的，然后用模拟近似法建立的微分方程从数学上去求解或分析解的性质，再去同实际情况对比，看这个微分方程模型能否刻画、模拟、近似这些实际现象.

6.2　作 战 模 型

1. 问题的提出

影响军队战斗力的因素是多方面的，如士兵人数、单个士兵的作战素质，以及部队的军事装备，而具体到一次战争的胜负，部队采取的作战方式同样至关重要，此时作战空间也成为讨论作战部队整体战斗力的不可忽略的因素. 本节介绍几个作战模型，并导出评估一个部队综合战斗力的一些方法，用以预测一场战争的大致结果.

2. 模型假设

① 设 $x(t)$，$y(t)$ 分别表示甲、乙交战双方在时刻 t 的人数，其中 t 是从战斗开始时以天为单位计算的时间. $x(0)=x_0$，$y(0)=y_0$ 分别表示甲、乙双方在开战时的初始人数，显然 x_0，$y_0>0$；

② 设 $x(t)$，$y(t)$ 是连续变化的，并且充分光滑；

③ 每一方的战斗减员率取决于双方的兵力，不妨以 $f(x, y)$，$g(x, y)$ 分别表示甲、乙双方的战斗减员率；

④ 每一方的非战斗减员率（由疾病、逃跑及其他非作战事故因素所导致的一个部队减员）与本方的兵力成正比，比例系数 α，$\beta>0$ 分别对应甲、乙双方；

⑤ 每一方的增援率取决于一个已投入战争部队以外的因素，甲、乙双方的增援率函数分别以 $u(t)$，$v(t)$ 表示.

3. 模型建立

根据假设，由导数的含义可以得到一般的战争模型

$$\begin{cases} \dot{x}(t)=-f(x, y)-\alpha x+u(t) \\ \dot{y}(t)=-g(x, y)-\beta y+v(t) \\ x(0)=x_0, \quad y(0)=y_0 \end{cases}$$

以下针对不同的战争类型详细讨论战斗减员率 $f(x, y)$，$g(x, y)$ 的具体表示形式，并分析影响战争结局的因素.

6.2.1　模型 I——正规作战模型

1. 模型假设

① 不考虑增援，并忽略非战斗减员；

② 甲、乙双方均以正规部队作战，每一方士兵的活动均公开，并处于对方士兵的监视与杀伤范围之内，一旦一方的某个士兵被杀伤，对方的火力立即转移到其他士兵身上；

③ 甲、乙双方的战斗减员率仅与对方的兵力有关，假设成正比例关系；

④ 以 b，a 分别表示甲、乙双方单个士兵在单位时间的杀伤力，称为战斗有效系数.

2. 模型建立

以 r_x，r_y 分别表示甲、乙双方单个士兵的射击率，它们通常主要取决于部队的武器装备；以 p_x，p_y 分别表示甲、乙双方士兵一次射击的（平均）命中率，它们主要取决于士兵

的个人素质，则有

$$a = r_y p_y, \quad b = r_x p_x$$

根据模型假设①，结合一般的战争模型，可得正规作战数学模型为

$$
\begin{cases}
\dot{x}(t) = -f(x, y) \\
\dot{y}(t) = -g(x, y) \\
x(0) = x_0, \quad y(0) = y_0
\end{cases}
$$

又由假设②，得甲、乙双方的战斗减员率分别为

$$f(x, y) = ay, \quad g(x, y) = bx$$

于是得正规作战的数学模型为

$$
\begin{cases}
\dot{x} = -ay \\
\dot{y} = -bx \\
x(0) = x_0, \quad y(0) = y_0
\end{cases}
$$

3. 模型求解

本模型是微分方程组，它不太容易求解. 因为本问题关心的是战争结局，所以借助第 3 章的微分方程图解法求解即可. 注意到相平面是指把时间 t 作为参数，以 x，y 为坐标的平面，而轨线是指相平面中由方程组的解所描述的曲线. 借此可以在相平面上通过分析轨线的变化讨论战争的结局.

现在来求解轨线方程. 将模型方程的第一个表达式除以第二个表达式，得到

$$\frac{\mathrm{d}x}{\mathrm{d}y} = \frac{-ay}{-bx}$$

即

$$bx\,\mathrm{d}x = ay\,\mathrm{d}y$$

进而得该模型的解应满足

$$bx^2 - ay^2 = K$$

其中，$K = bx_0^2 - ay_0^2$.

利用 K 的不同取值，可以在相平面中画出轨线，如图 6-1 所示.

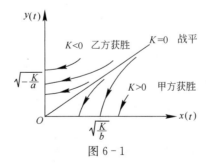

图 6-1

4. 战争结局分析

模型解确定的图形是一条双曲线. 箭头表示随着时间 t 的增加，$x(t)$ 和 $y(t)$ 的变化趋势. 评价双方的胜负，总认定兵力先降为"零"（全部投降或被歼灭）的一方为败. 因此，

如果 $K<0$，则乙的兵力减少到 $\sqrt{-\dfrac{K}{a}}$ 时甲方兵力降为"零"，从而乙方获胜；同理可知，当 $K>0$ 时，甲方获胜；而当 $K=0$ 时，双方战平.

不难发现，甲方获胜的充要条件为

$$bx_0^2 - ay_0^2 > 0$$

即

$$bx_0^2 > ay_0^2$$

代入 a，b 的表达式，进一步可得甲方获胜的充要条件为

$$r_x p_x x_0^2 > r_y p_y y_0^2$$

从这个充要条件中，可以找到一个用于正规作战部队的综合战斗力的评价函数：

$$f(r_z, p_z, z) = r_z p_z z^2$$

式中，z 表示参战方的初始人数，可以取甲方或乙方. 综合战斗力的评价函数暗示参战方的综合战斗力与参战方士兵的射击率（武器装备的性能）、士兵一次射击的（平均）命中率（士兵的个人素质）、士兵数的平方均呈正比例关系. 我们看到提高参战方的人数可以快速提高战斗力，若把人数增加一倍，会带来部队综合战斗力四倍的提升.

5. 模型应用

正规作战模型在军事上得到了广泛的应用，主要是作战双方的战斗条件比较相当，方式相似. J. H. Engel 就曾经用正规作战模型分析了著名的硫磺岛战役，其结果与实际数据吻合得很好.

6.2.2　模型Ⅱ——游击作战模型

1. 模型假设

① 不考虑增援，忽略非战斗减员；

② 甲、乙双方均为游击作战方式，每一方士兵的活动均具有隐蔽性，对方的射击行为局限在某个范围内且是盲目的.

2. 模型建立

由假设②知甲、乙双方的战斗减员率不仅与对方的兵力有关（设为正比关系），而且与自己一方的士兵数有关（因为其活动空间的限制，士兵数越多，其分布密度越大，这样对方投来的一枚炮弹的平均杀伤力也会呈正比例关系）.

若以 S_x，S_y 分别表示甲、乙双方的有效活动区域的面积，以 s_x，s_y 分别表示甲、乙双方一枚炮弹的有效杀伤力范围的面积，以 r_x，r_y 分别表示甲、乙双方单个士兵的射击率. s_x，s_y，r_x，r_y 主要取决于部队武器装备的性能和储备；r_x，r_y 取决于士兵的个人素质. 所以甲方的战斗有效系数为 $d=\dfrac{r_x s_x}{S_y}$，乙方的战斗有效系数为 $c=\dfrac{r_y s_y}{S_x}$.

与正规作战模型相同，根据模型假设①可得游击作战模型为

$$\begin{cases} \dot{x}(t) = -f(x, y) \\ \dot{y}(t) = -g(x, y) \\ x(0) = x_0, \quad y(0) = y_0 \end{cases}$$

由假设②，得甲、乙双方的战斗减员率分别为

$$f(x,\ y)=cxy,\quad g(x,\ y)=dxy$$

结合上述两式，并代入 c，d 的值，可得游击作战的数学模型为

$$\begin{cases} \dot{x}=-\dfrac{r_y s_y x}{S_x}\cdot y \\[2mm] \dot{y}=-\dfrac{r_x s_x y}{S_y}\cdot x \\[2mm] x(0)=x_0,\quad y(0)=y_0 \end{cases}$$

3. 模型求解

类似正规作战模型的处理方法，从模型方程可得

$$r_x s_x S_x \mathrm{d}x=r_y s_y S_y \mathrm{d}y$$

进而可得该模型的解应满足

$$r_x s_x S_x x-r_y s_y S_y y=L$$

其中

$$L=r_x s_x S_x x_0-r_y s_y S_y y_0$$

利用 L 的不同取值，可以在相平面中画出轨线，如图 6-2 所示.

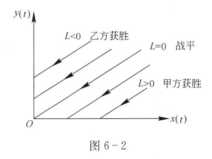

图 6-2

4. 战争结局分析

模型解所确定的图形是直线. 与分析正规作战模型一样，当 $L<0$ 时，乙方获胜；当 $L>0$ 时，甲方获胜；当 $L=0$ 时，双方战平.

不难发现，甲方获胜的充要条件为

$$r_x s_x S_x x_0-r_y s_y S_y y_0>0$$

即

$$r_x s_x S_x x_0>r_y s_y S_y y_0$$

从这个充要条件中，可以找到一个用于游击作战部队的综合战斗力的评价函数：

$$f(r_z,\ s_z,\ S_z,\ z)=r_z s_z S_z z$$

式中，z 表示参战方的初始人数，可以取甲方或乙方.

该综合战斗力的评价函数暗示参战方的综合战斗力与参战方士兵的射击率（武器装备的性能）、炮弹的有效杀伤范围的面积、部队的有效活动区域的面积、士兵数四者均呈正比例关系，这样在四个要素中有一个提升到原有水平的两倍，会带来部队综合战斗力成倍的提升. 游击作战模型也称为线性律模型.

6.2.3　模型Ⅲ——混合作战模型

1. 模型假设

① 不考虑增援，忽略非战斗减员；

② 甲方以游击作战方式，乙方以正规作战方式.

2. 模型建立

以 b，c 分别表示甲、乙双方的战斗有效系数，以 r_x，r_y 分别表示甲、乙双方单个士兵的射击率，以 p_x，p_y 分别表示甲、乙双方士兵一次射击的（平均）命中率，以 S_x 表示甲方的有效活动区域的面积，以 s_y 表示乙方一枚炮弹的有效杀伤力范围的面积，则有

$$b=r_x p_x, \quad c=\frac{r_y s_y}{S_x}$$

根据对正规作战和游击作战的分析，可得混合作战的数学模型为

$$\begin{cases} \dot{x}=-cxy \\ \dot{y}=-bx \\ x(0)=x_0, \quad y(0)=y_0 \end{cases}$$

3. 模型求解

从模型方程得该模型的解应满足

$$2bx-cy^2=M$$

其中，$M=2bx_0-cy_0^2$.

利用 M 的不同取值，可以在相平面中画出轨线，如图6-3所示.

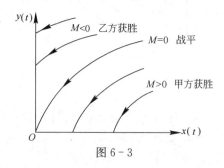

图6-3

4. 战争结局分析

模型解所确定的图形是一条抛物线. 由图可知，当 $M<0$ 时，乙方获胜；当 $M>0$ 时，甲方获胜；当 $M=0$ 时，双方战平. 而且乙方获胜的充要条件为

$$2r_x p_x S_x x_0 - r_y s_y y_0^2 < 0$$

即

$$2r_x p_x S_x x_0 < r_y s_y y_0^2$$

5. 模型应用

假定以正规作战的乙方火力较强，以游击作战的甲方火力较弱、活动范围较大，利用上

式估计乙方为了获胜需投入多大的初始兵力. 不妨设 $x_0=100$，$p_x=0.1$，$r_x=\dfrac{r_y}{2}$，活动区域 $S_x=0.1\times10^6\ \mathrm{m}^2$，乙方每次射击的有效面积 $s_y=1\ \mathrm{m}^2$，则可得乙方获胜的条件为

$$\left(\frac{y_0}{x_0}\right)^2>\frac{2\times0.1\times0.1\times10^6}{2\times1\times100}=100$$

解得 $\dfrac{y_0}{x_0}>10$，即乙方必须投入 10 倍于甲方的兵力才能获胜.

点评　在战争模型里，运用了微分方程建模的思想. 因为一个战争总是要持续一段时间，随着战争态势的发展，交战双方的兵力随时间不断变化. 这类模型反映了描述对象随时间的变化情况，通过将变量对时间求导来反映其变化规律，预测其未来的形态. 例如在战争模型中，首先要描述的就是单位时间双方兵力的变化，然后通过分析这一变化与哪些因素有关，以及它们之间的具体关系，并列出微分方程，最后通过对方程组化简得出双方的关系. 这也是微分方程建模的步骤.

6.3　传染病模型

医学科学的发展已经能够有效地预防和控制许多传染病，但是仍然有一些传染病暴发或流行，危害人们的健康和生命. 在发展中国家，传染病的流行仍十分严重，即使在发达国家，一些常见的传染病也未绝迹，而新的传染病还会出现. 有些传染病传染很快，导致了很高的致残率，危害极大. 因此，对传染病在人群中传染过程的定量研究具有重要的现实意义.

传染病流行过程的研究与其他学科有所不同，不能通过在人群中实验的方式获得科学数据，所以有关传染病的数据、资料只能从已有的传染病流行的报告中获取. 这些数据往往不够全面，难以根据这些数据准确地确定某些参数，只能大概估计其范围. 基于上述原因，利用数学建模与计算机仿真便成为研究传染病流行过程的有效途径之一.

1. 问题提出

20 世纪初，瘟疫经常在世界的一些地区流行，被传染的人数与哪些因素有关？如何预报传染病高潮的到来？为什么同一地区一种传染病每次流行时，被传染的人数大致不变？

2. 建模分析

社会、经济、文化、风俗习惯等因素都会影响传染病的传播，而最直接的因素是：传染者的数量及其在人群中的分布、被传染者的数量、传播形式、传播能力、免疫能力等. 在建立模型时不可能考虑所有因素，只能抓住关键的因素，采用合理的假设进行简化.

一般把传染病流行范围内的人群分成三类：

S 类，易感者，指未得病者，但缺乏免疫能力，与感病者接触后容易受到感染；

I 类，感病者，指染上传染病的人，它可以传播给 S 类成员；

R 类，移出者，指被隔离或因病愈而具有免疫力的人.

3. 建立模型

（1）SI 模型 Ⅰ

SI 模型是指易感者被传染后变为感病者且经久不愈，不考虑移出者，人员流动图为

$$S \rightarrow I$$

假设

① 每个病人在单位时间内传染的人数为常数 k_0；

② 一人得病后，经久不愈，且人在传染期内不会死亡.

记时刻 t 的得病人数为 $i(t)$，开始时有 i_0 个传染病人，则在 Δt 时间内增加的病人数为

$$i(t+\Delta t)-i(t)=k_0 i(t)\Delta t$$

于是得

$$\begin{cases} \dfrac{\mathrm{d}i(t)}{\mathrm{d}t}=k_0 i(t) \\ i(0)=i_0 \end{cases}$$

解得

$$i(t)=i_0 \mathrm{e}^{k_0 t}$$

模型分析： 这个结果与传染病初期比较吻合，但它表明病人人数将按指数规律无限增加，显然与实际不符. 事实上，一个地区的总人数大致可视为常数（不考虑传染病传播时期出生和迁移的人数），在传染病传播期间，一个病人单位时间内能传染的人数 k_0 则是变化的. 在初期 k_0 较大，随着病人的增多，健康者减少，被传染机会也将减少，于是 k_0 就会变小.

（2）SI 模型 Ⅱ

记时刻 t 的健康者人数为 $s(t)$，假设

① 总人数为常数 n，且 $i(t)+s(t)=n$；

② 单位时间内一个病人能传染的人数与当时健康者人数成正比，比例系数为 k（传染强度）；

③ 一人得病后，经久不愈，且人在传染期内不会死亡.

根据假设可得微分方程为

$$\begin{cases} \dfrac{\mathrm{d}i(t)}{\mathrm{d}t}=ks(t)i(t) \\ i(0)=i_0 \end{cases}$$

即

$$\begin{cases} \dfrac{\mathrm{d}i(t)}{\mathrm{d}t}=k[n-i(t)]i(t) \\ i(0)=i_0 \end{cases}$$

解得

$$i(t)=\frac{n}{1+\left(\dfrac{n}{i_0}-1\right)\mathrm{e}^{-knt}}$$

模型分析： 易得 $\dfrac{\mathrm{d}i(t)}{\mathrm{d}t}$ 的极大值点为 $t_1=\dfrac{\ln\left(\dfrac{n}{i_0}-1\right)}{kn}$，该值表示传染病的高峰时刻. 当传

染强度 k 增加时, t_1 将变小, 即传染高峰来得快, 这与实际情况吻合. 但当 $t \to \infty$ 时, $i(t) \to n$, 这意味着最终人人都将被传染, 显然与实际不符.

（3）带宣传效应的 SI 模型Ⅲ

假设

① 单位时间内正常人被传染的比率为常数 r;

② 一人得病后, 经久不愈, 且人在传染期内不会死亡.

由导数含义和假设, 有

$$\begin{cases} \dfrac{\mathrm{d}i(t)}{\mathrm{d}t} = r[n - i(t)] \\ i(0) = i_0 \end{cases}$$

解得

$$i(t) = n\left[1 - \left(1 - \dfrac{i_0}{n}\right)\mathrm{e}^{-rt}\right]$$

此解说明最终每个人都要被传染上疾病.

假设宣传运动的开展将使得被传染上疾病的人数减少, 减少的速度与总人数成正比, 这个比例常数取决于宣传强度. 若从 $t = t_0 (t_0 > 0)$ 开始, 开展一场持续的宣传运动, 宣传强度为 a, 则所得的数学模型为

$$\begin{cases} \dfrac{\mathrm{d}i(t)}{\mathrm{d}t} = r(n - i) - anH(t - t_0) \\ i(0) = i_0 \end{cases}$$

其中

$$H(t - t_0) = \begin{cases} 1, & t \geq t_0 \\ 0, & t < t_0 \end{cases}$$

为 Heaviside 函数.

解得

$$i(t) = n\left[1 - \left(1 - \dfrac{i_0}{n}\right)\mathrm{e}^{-rt}\right] - \dfrac{an}{r} \cdot H(t - t_0)[1 - \mathrm{e}^{-r(t - t_0)}]$$

且

$$\lim_{t \to +\infty} i(t) = n\left(1 - \dfrac{a}{r}\right) < n$$

这表明持续的宣传是起作用的, 最终会使发病率减少.

如果宣传运动是短暂进行的（这在日常生活中是常见的）, 如仅仅是听一个报告或街头散发传单等, 即在 $t = t_1, t_2, \cdots, t_m$ 等 m 个时刻进行 m 次宣传, 宣传强度分别为 $a_1, a_2, \cdots, a_m$, 则模型变为

$$\begin{cases} \dfrac{\mathrm{d}i(t)}{\mathrm{d}t} = r(n - i) - n\sum_{j=1}^{m}\delta(t - t_j) \\ i(0) = i_0 \end{cases}$$

解得

$$i(t) = i_0\mathrm{e}^{-rt} + n(1 - \mathrm{e}^{-rt}) - n\sum_{j=1}^{m}a_jH(t - t_j)\mathrm{e}^{-r(t - t_j)}$$

且

$$\lim_{t \to +\infty} i(t) = n$$

这表明短暂的宣传是不起作用的，最终还是所有的人都染上了疾病.

（4）SIS 模型

SIS 模型是指易感者被传染后变为感病者，感病者可以被治愈，但不会产生免疫力，所以仍为易感者. 人员流动图为

$$S \to I \to S$$

有些传染病，如伤风、痢疾等愈后的免疫力很低，可以假定无免疫性. 于是痊愈的病人仍然可以再次感染疾病，也就是说痊愈的感染者将再次进入易感者的人群.

假设

① 总人数为常数 n，且 $i(t) + s(t) = n$；

② 单位时间内一个病人能传染的人数与当时健康者人数成正比，比例系数为 k（传染强度）；

③ 感病者以固定的比率 h 痊愈而重新成为易感者.

根据假设可得模型为

$$\begin{cases} \dfrac{\mathrm{d}i(t)}{\mathrm{d}t} = ki(t)s(t) - hi(t) \\ i(0) = i_0 \end{cases}$$

解得

$$i(t) = \cfrac{1}{\dfrac{k}{nk-h} + \left(\dfrac{1}{i_0} - \dfrac{k}{nk-h}\right)\mathrm{e}^{(h-nk)t}} \quad \left[h \neq nk \ \text{或} \ i(t) = \cfrac{i_0}{kt + \dfrac{1}{i_0}}, \ h = nk \right]$$

模型分析：当 $\dfrac{nk}{h} > 1$ 时，$\lim\limits_{t \to \infty} i(t) = \dfrac{nk-h}{k}$；当 $\dfrac{nk}{h} \leqslant 1$ 时，$\lim\limits_{t \to \infty} i(t) = 0$. 这里出现了传染病学中非常重要的阈值概念，或者说"门槛"（threshold）现象，即 $\dfrac{nk}{h} = 1$ 是一个门槛，这与实际相符合，即人口越多，传染率越高，从得病到治愈时间越长，传染病越容易流行.

（5）SIR 模型

SIR 模型是指易感者被传染后变为感病者，感病者可以被治愈，并会产生免疫力，变为移出者. 人员流动图为

$$S \to I \to R$$

大多数传染病如天花、流感、肝炎、麻疹等治愈后均有很强的免疫力，所以病愈的人既非易感者，也非感病者，因此他们将被移出传染系统.

假设

① 总人数为常数 n，且 $i(t) + s(t) + r(t) = n$；

② 单位时间内一个病人能传染的人数与当时健康者人数成正比，比例系数为 k（传染强度）；

③ 单位时间内病愈免疫的人数与当时的病人人数成正比，比例系数为 l，称为恢复

系数.

于是根据假设可得方程组为

$$\begin{cases} \dfrac{\mathrm{d}i(t)}{\mathrm{d}t}=ks(t)i(t)-li(t) \\[2mm] \dfrac{\mathrm{d}s(t)}{\mathrm{d}t}=-ks(t)i(t) \end{cases}$$

取初值为

$$\begin{cases} i(0)=i_0>0 \\ s(0)=s_0>0 \\ r(0)=r_0=0 \end{cases}$$

把前面两个方程相除有

$$\frac{\mathrm{d}i(t)}{\mathrm{d}s(t)}=\frac{\rho}{s(t)}-1,\quad \rho=\frac{l}{k}$$

解之得

$$i(t)=\rho\ln\frac{s(t)}{s_0}-s(t)+n$$

模型分析：易得 $\lim\limits_{t\to\infty} i(t)=0$. 而当 $s_0\leqslant\rho$ 时，$i(t)$ 单调下降趋于零；当 $s_0>\rho$ 时，$i(t)$ 先单调上升到最高峰，然后再单调下降趋于零. 所以这里仍然出现了"门槛"现象，即 ρ 是一个门槛. 从 ρ 的意义可知，应该降低传染率，提高恢复率，即提高医疗水平.

令 $t\to\infty$，得 $\rho\ln\dfrac{s_\infty}{s_0}-s_\infty+n=0$ $(s(\infty)=s_\infty)$，假定 $s_0\approx n$，得 $s_0-s_\infty\approx 2\dfrac{s_0(s_0-\rho)}{\rho}$. 所以若记 $s_0=\rho+\delta$ $(\delta\ll\rho)$，则 $s_0-s_\infty\approx 2\delta$，这也就解释了本节开头的问题，即同一地区一种传染病流行时，被传染的人数大致不变.

6.4　药物试验模型

1. 问题的提出

药物进入机体后，在随血液运输到各个器官和组织的过程中，不断地被吸收、代谢，最终排出体外. 药物在血液中的浓度，即单位体积血液（毫升）中药物含量（微克或毫克），称为血药浓度，随时间和空间（机体的各部位）而变化. 血药浓度的大小直接影响到药物的疗效，浓度太低不能达到预期的效果，浓度太高又可能导致药物中毒，副作用太强或造成浪费. 因此研究药物在体内吸收、分布和排出的动态过程，以及这些过程与药理反应间的定量关系（即数学模型），对于新药研究、剂量确定、给药方案设计等药理学和临床医学的发展都有重要的指导意义. 请建立药物在体内的分布与排出问题的数学模型.

2. 问题分析

房室是机体的一部分，药物在一个房室内呈均匀分布，即血药浓度是常数，而在不同房室之间则按照一定规律进行药物的转移. 一个机体分为几个房室，要根据不同药物的吸收、分布、排出过程的具体情况，以及研究对象所要求的精度而定. 现在只讨论二室模型，即将机体分为血药较丰富的中心室（包括心、肺、肾等器官）和血液较贫乏的周边室（四肢、肌肉组织等). 药物的动态过程在每个房室内是一致的, 转移只在两个房室之间及某个房室与体外之间进行. 二室模型的建立和求解方法可以推广到多室模型.

3. 模型假设

① 机体分为中心室 (一室) 和周边室 (二室), 两个室的容积 (即血药体积或药物分布容积) 在过程中保持不变;

② 药物从一室向另一室的转移速率及向体外的排出速率与该室的血药浓度成正比;

③ 只有中心室与体外有药物交换, 即药物从体外进入中心室, 最后又从中心室排出体外. 与转移和排出的数量相比, 药物的吸收可以忽略.

4. 模型建立

在二室模型中引入如下变量:

$c_i(t)$, $x_i(t)$ 和 V_i 分别表示第 i 室 ($i=1,2$) 的血药浓度、药量和容积;

k_{ij} 表示第 i 室向第 j 室药物转移速率系数;

k_{13} 是药物从一室向体外排出的速率系数;

$f_0(t)$ 是给药速率, 由给药方式和剂量确定.

为了方便问题的表述和研究, 画出二室模型示意图, 如图 6-4 所示.

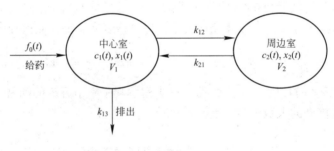

图 6-4

注意到 $x_1(t)$ 的变化率由一室向二室的转移 $-k_{12}x_1(t)$、一室向体外的排出 $-k_{13}x_1(t)$、二室向一室的转移 $k_{21}x_2(t)$ 及给药 $f_0(t)$ 组成; $x_2(t)$ 的变化率由一室向二室的转移 $k_{12}x_1(t)$ 及二室向一室的转移 $-k_{21}x_2(t)$ 组成. 利用函数导数的特点和含义, 根据假设条件和图 6-4, 可以写出两个房室中药量 $x_i(t)$ ($i=1,2$) 满足的微分方程为

$$\begin{cases} \dfrac{\mathrm{d}x_1}{\mathrm{d}t} = -k_{12}x_1 - k_{13}x_1 + k_{21}x_2 + f_0(t) \\ \dfrac{\mathrm{d}x_2}{\mathrm{d}t} = k_{12}x_1 - k_{21}x_2 \end{cases} \tag{6-1}$$

$x_i(t)$ ($i=1,2$) 与血药浓度 $c_i(t)$ ($i=1,2$)、房室容积 $V_i(t)$ ($i=1,2$) 之间显然有关系式

$$x_i(t) = V_i(t)c_i(t), \quad i=1,2$$

代入式 (6-1) 可得数学模型

$$\begin{cases} \dfrac{\mathrm{d}c_1}{\mathrm{d}t} = -(k_{12}+k_{13})c_1 + \dfrac{V_2}{V_1}k_{21}c_2 + \dfrac{1}{V_1}f_0(t) \\ \dfrac{\mathrm{d}c_2}{\mathrm{d}t} = \dfrac{V_1 k_{12}}{V_2}c_1 - k_{21}c_2 \end{cases} \tag{6-2}$$

至此，我们将问题变为了数学问题.

式（6-2）中，只要给定给药方式函数 $f_0(t)$ 的具体形式，就可以进行微分方程组的求解.

给药方式函数 $f_0(t)$ 的数学描述与对应的给药方式有以下三种.

① 快速静脉注射. 在 $t=0$ 的瞬间将剂量 D_0 的药物输入中心室，血药浓度立即上升为 D_0/V_1，它可以用数学公式表示为

$$f_0(t)=0, \quad c_1(0)=\dfrac{D_0}{V_1}, \quad c_2(0)=0$$

② 恒速静脉滴注. 当静脉滴注的速率为常数 k_0 时，可以用数学公式表示为
$$f_0(t)=k_0, \quad c_1(0)=0, \quad c_2(0)=0$$

③ 口服或肌肉注射. 这种给药方式相当于在药物输入中心室之前先有一个将药物吸收入的过程，可以简化为有一个吸收室，如图 6-5 所示.

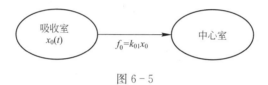

图 6-5

$x_0(t)$ 为吸收室的药量，药物由吸收室进入中心室的转移速率系数为 k_{01}，于是 $x_0(t)$ 满足

$$\begin{cases} \dfrac{\mathrm{d}x_0}{\mathrm{d}t} = -k_{01}x_0 \\ x_0(0)=D_0 \end{cases}$$

表示先瞬时吸入全部药量，然后药量在体内按比例减少（指数衰减），D_0 是给药量. 而药物进入中心室的速率为 $f_0(t)=k_{01}x_0(t)$，求解有
$$f_0(t)=D_0 k_{01} \mathrm{e}^{-k_{01}t}$$
在这种情况下，有数学描述为
$$f_0(t)=D_0 k_{01}\mathrm{e}^{-k_{01}t}, \quad c_1(0)=0, \quad c_2(0)=0$$

通过以上例子可知：一些带有变量变化特征的实际问题，可以变为微分方程问题. 处理的关键点是借用导数的特性直接写出对应的微分方程模型，如果借助图形画出各变量之间的结构图，则能更方便地写出数学模型.

此外，对不好进一步求解的问题，可以通过选取特殊函数的方法来讨论解的问题.

🖥 习题与思考

1. 正规作战模型是什么？写出正规作战模型建模的全部过程（包括讨论、分析等）.

2. 考虑一个既不同于指数增长模型，又不同于阻滞增长模型的情形：人口数 $P(t)$，地球的极限承载人口数为 P^*. 在时刻 t，人口增长的速率与 $P^*-P(t)$ 成正比. 试建立模型并求解.

3. 20 世纪 20 年代中期，意大利生物学家棣安考纳（D'ancona）在研究相互制约的各种鱼类数目变化时，在丰富的资料中发现了第一次世界大战前后地中海一带港口中捕获的掠肉鱼（如鲨鱼）的比例有所上升，而食用鱼的比例有所下降. 意大利阜姆港所收购的掠肉鱼比例的具体数据如表 6-1 所示.

表 6-1　具体数据

年份	1914	1915	1916	1917	1918
比例/%	11.9	21.4	22.1	21.2	36.4
年份	1919	1920	1921	1922	1923
比例/%	27.3	16.0	15.9	14.8	10.7

掠肉鱼的比例在战争期间如此大幅度的增加使棣安考纳困惑不解，怎样解释这个现象呢？起初，棣安考纳认为掠肉鱼的比例增加是由战争期间对掠肉鱼的捕获量降低造成的. 但在战争期间对其他食用鱼捕获量也降低了，为什么掠肉鱼的比例却增加了这么多？为什么捕获量的降低对掠肉鱼特别有利呢？棣安考纳得不到满意的解释，请用数学建模的方法解释此问题.

4. 一个著名的"弱肉强食"模型——Volterra 模型：
$$\begin{cases} \dot{x}_1 = x_1(-r_1 + \lambda_1 x_2) \\ \dot{x}_2 = x_2(r_2 - \lambda_2 x_1) \end{cases}$$

这里，r_i，$\lambda_i > 0 (i=1,2)$ 为模型参数. 试给出各个参数的意义及模型适用的对象，进而讨论该模型的平衡点及其稳定性.

5. 学习了药物在体内的分布与排出问题案例后，你对其中的转化为数学问题处理有何新认识？哪些做法是你没有想到的？如果让你来解决此问题，你会怎样做？

6. 森林失火了！消防站接到报警后派多少消防队员前去救火呢？派的队员越多，森林的损失越小，但是救援的开支会越大，所以需要综合考虑森林损失费和救援费与消防队员人数之间的关系，以总费用最小决定派出的队员人数. 请把此问题变为数学模型.

7. 在传染病模型中

(1) 如果考虑出生率和死亡率，应该怎样建模？

(2) 如果考虑外界因素环境的周期性变化，应该怎样建模？

(3) 如果考虑潜伏期，应该怎样建模？

(4) 如果考虑人的年龄结构，应该怎样建模？

(5) 如果考虑传染接触的随机性，应该怎样建模？

第 7 章　数值方法模型

数值方法又称计算方法或数值分析，它是科学计算的基础，在国外被认为是 21 世纪技术科学中最有用的两个数学研究领域之一. 数值方法主要用于研究一些数学问题的算法构造和计算机求解. 数值方法中的算法构造、离散化技术也是数学建模的重要内容. 本章主要介绍数学建模中使用较多的数值积分和数值逼近及一些建模案例.

7.1　定积分计算问题

若建模求解过程中遇到一个不能用定积分基本公式计算或当被积函数的表达式过于复杂的定积分，怎样计算这样的定积分？数值分析书中采用离散化技术给出了很好的算法并有效地解决了定积分计算问题. 数值分析书中复化梯形公式和复化 Simpson 公式是常用的定积分计算公式，它们可以把定积分的值计算到任意给定的精度.

7.1.1　复化梯形公式的构造原理

取等距节点 $x_i = a + ih$，$h = \dfrac{b-a}{n}$（$i = 0, 1, 2, \cdots, n$）将积分区间 $[a, b]$ n 等分，在每个小区间 $[x_k, x_{k+1}]$（$k = 0, 1, \cdots, n-1$）上用梯形公式

$$\int_{x_k}^{x_{k+1}} f(x)\mathrm{d}x \approx \frac{x_{k+1} - x_k}{2} \big[f(x_k) + f(x_{k+1}) \big]$$

作近似计算，就有

$$\int_a^b f(x)\mathrm{d}x = \sum_{k=0}^{n-1} \int_{x_k}^{x_{k+1}} f(x)\mathrm{d}x \approx \sum_{k=0}^{n-1} \frac{h}{2} \big[f(x_k) + f(x_{k+1}) \big]$$

$$= \frac{h}{2} \Big[f(a) + f(b) + 2 \sum_{k=1}^{n-1} f(x_k) \Big]$$

得**复化梯形公式**

$$\int_a^b f(x)\mathrm{d}x \approx \frac{b-a}{2n} \Big[f(a) + f(b) + 2 \sum_{k=1}^{n-1} f(x_k) \Big]$$

记

$$T_n = \frac{b-a}{2n} \Big[f(a) + f(b) + 2 \sum_{k=1}^{n-1} f(x_k) \Big]$$

可以证明，复化梯形公式的误差为

$$R(f, T_n) = \int_a^b f(x)\mathrm{d}x - T_n = -\frac{b-a}{12} h^2 f''(\eta), \quad \eta \in [a, b]$$

要想得到给定精度 ε 的计算结果，令 $|R(f, T_n)| \leqslant \dfrac{b-a}{12} h^2 M_2 \leqslant \varepsilon$，$|f''(x)| \leqslant M_2$

可取

$$h \leqslant \sqrt{\frac{12\varepsilon}{(b-a)M_2}}$$

复化梯形公式把定积分这个连续的量转化为被积函数在一些离散点的函数值的计算问题，这就是一种离散化技术.

利用类似的方法可以得到**复化 Simpson 公式**

$$\int_a^b f(x)\mathrm{d}x \approx \frac{b-a}{6n}\left[f(a)+f(b)+4\sum_{k=0}^{n-1}f(x_{k+\frac{1}{2}})+2\sum_{k=1}^{n-1}f(x_k)\right]$$

7.1.2　男大学生的身高问题

1. 问题的提出

有关统计资料表明，我国大学生男性群体的平均身高约为 170 cm，且该群体中约有 99.7% 的人身高在 150 cm 至 190 cm 之间. 如果将 [150 cm，190 cm] 等分成 20 个高度区间，试问该群体身高在每一高度区间的分布情况怎样？特别地，身高中等（165 cm 至 175 cm 之间）的学生占该群体的百分比会超过 60% 吗？

2. 问题分析与建立模型

因为一个人的身高涉及很多因素，通常它是一个服从正态分布 $N(\mu, \sigma)$ 的随机变量. 正态分布的概率密度函数 $\varphi(x)$ 为

$$\varphi(x) = \frac{1}{\sqrt{2\pi}\sigma}\mathrm{e}^{-\frac{(x-\mu)^2}{2\sigma^2}}$$

于是密度函数 $\varphi(x)$ 在区间 $[a, b]$ 上的定积分

$$\int_a^b \varphi(x)\mathrm{d}x = \int_a^b \frac{1}{\sqrt{2\pi}\sigma}\mathrm{e}^{-\frac{(x-\mu)^2}{2\sigma^2}}\mathrm{d}x$$

的值正好代表大学生身高在区间 $[a, b]$ 的分布.

概率密度函数 $\varphi(x)$ 中的两个参数 μ、σ 分别为正态分布的均值与标准差. 由于我国大学生男性群体的平均身高约为 170 cm，故可选取正态分布的均值 $\mu = 170$ cm，而由"该群体中约有 99.7% 的人身高在 150 cm 至 190 cm 之间"和正态分布 $N(\mu, \sigma)$ 的"3σ 规则"，有

$$\mu - 3\sigma = 150 \text{ cm}$$
$$\mu + 3\sigma = 190 \text{ cm}$$

于是可以得到 $\sigma = \frac{20}{3}$，故其密度函数 $\varphi(x)$ 为

$$\varphi(x) = \frac{3}{20\sqrt{2\pi}}\mathrm{e}^{-\frac{9(x-170)^2}{800}}$$

将 [150，190] 等分成 20 个高度区间后，得到高度区间为

$$[150, 152], [152, 154], \cdots, [188, 190]$$

对应的分布为

$$\int_k^{k+2} \frac{3}{20\sqrt{2\pi}}\mathrm{e}^{-\frac{9(x-170)^2}{800}}\mathrm{d}x \quad (k=150, 152, 154, \cdots, 188) \tag{7-1}$$

身高在 165 cm 至 175 cm 之间的学生占该群体的百分比为

$$\int_{165}^{175} \frac{3}{20\sqrt{2\pi}} e^{-\frac{9(x-170)^2}{800}} dx \tag{7-2}$$

式 (7-1) 和式 (7-2) 的定积分是不能用定积分基本公式方法求出的，但用计算方法中的数值积分可以算出.

3. 模型求解

选用数值积分中的复合梯形公式求积方法编程，可以计算出误差小于 10^{-4} 的定积分值，从而可得出相应分布，如表 7-1 所示.

表 7-1　身高的相应分布

[150，152] 的分布为 0.002 1	[170，172] 的分布为 0.117 9
[152，154] 的分布为 0.004 7	[172，174] 的分布为 0.107 8
[154，156] 的分布为 0.009 7	[174，176] 的分布为 0.090 2
[156，158] 的分布为 0.018 1	[176，178] 的分布为 0.069 0
[158，160] 的分布为 0.030 9	[178，180] 的分布为 0.048 3
[160，162] 的分布为 0.048 3	[180，182] 的分布为 0.030 9
[162，164] 的分布为 0.069 0	[182，184] 的分布为 0.018 1
[164，166] 的分布为 0.090 2	[184，186] 的分布为 0.009 7
[166，168] 的分布为 0.107 8	[186，188] 的分布为 0.004 7
[168，170] 的分布为 0.117 9	[188，190] 的分布为 0.002 1

对式 (7-2)，有

$$\int_{165}^{175} \frac{3}{20\sqrt{2\pi}} e^{-\frac{9(x-170)^2}{800}} dx \approx 0.546\ 724\ 617\ 3$$

该结果说明身高中等（165 cm 至 175 cm）的男大学生约占 54.67%，不足 60%.

7.1.3　计算机断层扫描问题

计算机断层扫描（computerized tomography，CT）与遗传工程、新粒子发现和宇宙技术一起被称为 20 世纪 70 年代国际四大科技成果. 它是近几十年来蓬勃发展起来的一门边缘性学科，有着广泛的应用价值. CT 是一种无损检测技术，它根据检测数据可以获得检测对象内部的特征.

1. CT 原理

CT 原理可以简述为由投影数据去建立检测对象内部的未知图像，它的具体描述为：在不损伤检测对象内部结构的条件下，用某种射线源照射检测对象，同时用检测设备获得检测数据（称为投影数据）；然后用这些检测数据构造数学模型并借助成像技术和计算机生成（重现）检测对象内部特征（二维图像）；再从这一系列二维图像，一层一层地构成三维图像，重现检测对象内部特征.

例如，医学 X-CT 装置是由 X 射线源、检测器、计算机、图像显示器等几个主要部分组成. 由图 7-1 可见，X 射线源与检测器同步地围绕人体做旋转运动，同时做大量的平移. 由 X 射线源发出的均匀的 X 射线束穿过人体后，由于人体的不同组织对 X 射线的吸收系数

（此吸收系数分布函数，就是 CT 所要重建的图像）不同，因而在检测器接收到的不同强度的 X 射线的"投影数据"中含有反映人体组织的信息. 将从检测器得到的资料数据，借助对应的数学模型，编制计算机程序处理，最后可以在显示器上看到所探测部位的横断面图像（即光的吸收系数分布函数）的重建.

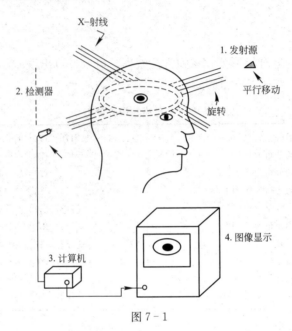

图 7－1

2. CT 的数学理论基础

Radon 变换及其逆变换就是 CT 的数学理论基础.

定义 7－1　平面线积分集合

$$\breve{f}(p, \xi) = \left\{ \int_L f(x, y) ds \mid L \in P \right\}$$

称为函数 $f(x, y)$ 的 Radon 变换，这里 $X = (x, y)$，$\xi = (\cos \varphi, \sin \varphi)$，$P$ 为所有平面直线全体（见图 7－2）.

可以证明 $\breve{f}(p, \xi)$ 和 $f(x, y)$ 有关系（称为 Radon 逆变换）

$$f(x, y) = -\frac{1}{2\pi^2} \int_0^\pi d\varphi \int_{-\infty}^{+\infty} \left(\frac{1}{p - \xi X} \right) \frac{\partial \breve{f}(p, \xi)}{\partial p} dp \qquad (7-3)$$

为了表述方便，称 Radon 变换中的被积函数 $f(x, y)$ 为"图像"，称 $\breve{f}(p, \xi)$ 为 $f(x, y)$ 的"投影"；称图像 $f(x, y)$ 在点 (x, y) 的值称为在点 (x, y) 的"密度".

要从投影数据获得原图像，就是由 $\breve{f}(p, \xi)$ 获得函数 $f(x, y)$. 虽然函数 $f(x, y)$ 有用积分表示的解析表达式 (7-3)，但它很不方便用于 $f(x, y)$ 的计算和讨论. 因此寻找有效的求解 $f(x, y)$ 的算法或图像重建方法就变得很重要了.

3. 图像重建模型

求解 $f(x, y)$ 的图像重建的模型有很多种，这里介绍常用的代数重建模型，它是从投影的角度引入代数问题来构造的，本质上是定积分的离散化方法.

代数重建模型中把一个线积分看作一个投影. 假设第 i 个线积分为 y_i ($1 \leqslant i \leqslant I$), 即

$$\int_{L_i} f(x, y)\mathrm{d}s = y_i$$

若用正方形网格对 xOy 平面的图像 $f(x, y)$ 进行分割获得 $J = n^2$ 个小正方块 (该小方块常称为像素), 如图 7-3 所示.

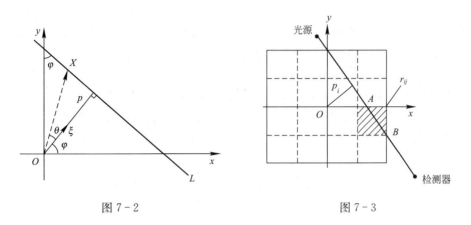

图 7-2　　　　　　　　　　　　　　　　图 7-3

记 x_j 为 $f(x, y)$ 在第 j 个 "像素" 上的平均值, r_{ij} 为第 i 个射线 L_i 在第 j 个 "像素" 上的直线段 AB 的长度, 可以得到 $\int_{L_i} f(x, y)\mathrm{d}s = y_i$ 的离散化计算公式为

$$\sum_{j=1}^{J} x_j r_{ij} \approx y_i, \quad i = 1, 2, \cdots, I \tag{7-4}$$

注意, 公式中的很多 r_{ij} 是为零的.

若把 n^2 个像素进行某种一维排列 (如按行或按列的顺序), 可以将式(7-4)改写为一般线性代数方程组形式

$$AX = Y \tag{7-5}$$

其中, $Y = (y_1, y_2, \cdots, y_I)^{\mathrm{T}}$ 为 (已知的) I 维测量向量, $X = (x_1, x_2, \cdots, x_J)^{\mathrm{T}}$ 为未知 (需重建) J 维向量, $A = (r_{ij})_{I \times J}$ 为已知矩阵. 注意到 J 通常比 I 大, 故矩阵 A 不一定是方阵, 导致对应的线性方程组不能用一般的方法来解, 实际上这样的方程组常用**代数重建法**(简称 ART) 进行数值计算求解.

一旦求出 X, 就得到了 $f(x, y)$ 在 n^2 个像素上的平均值, 从而得到 xOy 平面的近似图像 $f(x, y)$, 这样就达到了图像重建的目的. 特别地, 当网格很细密时, 可以获得更好的重建效果.

7.2　数据逼近问题

在一些实际问题中, 有时人们只知道未知函数 $y = f(x)$ 在有限个点 $x_0, x_1, \cdots, x_n$ 上的值 $f(x_0), f(x_1), \cdots, f(x_n)$, 这相当于已知一个数表

x	x_0	x_1	$\cdots$	x_n
y	y_0	y_1	$\cdots$	y_n

然后由表中数据来构造一个简单的函数 $P(x)$ 作为未知函数 $f(x)$ 的近似函数,去参与有关 $f(x)$ 的运算,这类问题称为数据逼近问题. 目前,解决数据逼近问题的主要方法是拟合法和插值法.

若记 $P(x)$ 为所求的近似函数,$\delta(x_i)=y_i-P(x_i)$,$\delta(x_i)$ 称为在 x_i 点的**偏差**,则用插值法求出的 $P(x)$ (称为插值函数) 要满足

$$\delta(x_i)=0, \quad i=0, 1, \cdots, n$$

而拟合法求出的 $P(x)$ (称为拟合函数)只要满足偏差的某种范数最小即可.

插值函数 $P(x)$ 在几何上的描述就是过所有给定数据点的任何一条曲线,而拟合函数是穿越所有给定数据点的任何一条曲线,如图 7-4 所示.

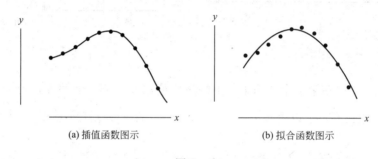

(a) 插值函数图示　　　　　　　　(b) 拟合函数图示

图 7-4

插值和拟合都是由一组数据点构造一个近似函数,但它们的近似要求不同,导致其对应的数学方法不同. 一个实际问题,到底该选用插值法还是拟合法,需根据实际情况确定.

7.2.1　曲线拟合的构造原理

这里主要介绍线性最小二乘拟合法,它是曲线拟合中最简单、最常用的方法. 所谓线性,是指所求的拟合函数是某些已知函数组 $M=\{\varphi_0(x), \varphi_1(x), \cdots, \varphi_m(x)\}$ 的线性组合. 若取 $\varphi_k(x)=x^k(k=0, 1, \cdots, m)$,则函数组 M 的线性组合就是 m 次多项式.

设所求的拟合函数 $\varphi(x)=\sum_{k=0}^{m} a_k\varphi_k(x) \ (a_k \in \mathbf{R})$,为确定系数 $a_0, a_1, \cdots, a_m$,考虑函数 $f(x)$ 与 $\varphi(x)$ 在节点 $x_0, x_1, \cdots, x_n$ 处差的平方加权和(是 $a_0, a_1, \cdots, a_m$ 的多元函数):

$$S(a_0, a_1, \cdots, a_m)=\sum_{k=0}^{n}\omega_k(f(x_k)-\varphi(x_k))^2=\sum_{k=0}^{n}\omega_k(f(x_k)-\sum_{i=0}^{m}a_i\varphi_i(x_k))^2$$

$$(7-6)$$

式中,$\omega_k(k=0, 1, \cdots, n)$是已知的数. 由极值必要条件有

$$\frac{\partial S}{\partial a_j}=2\sum_{k=0}^{n}\omega_k(f(x_k)-\sum_{i=0}^{m}a_i\varphi_i(x_k))\varphi_j(x_k)=0 \qquad (j=0, 1, \cdots, m)$$

化简得到关于系数 $a_0, a_1, \cdots, a_m$ 的线性方程组

$$\sum_{i=0}^{m} a_i \sum_{k=0}^{n} \omega_k \varphi_i(x_k) \varphi_j(x_k) = \sum_{k=0}^{n} \omega_k f(x_k) \varphi_j(x_k) \quad (j=0, \ 1, \ \cdots, \ m) \quad (7-7)$$

引入符号 $(h, \ g) = \sum_{k=0}^{n} \omega_k h(x_k) g(x_k)$，式（7-7）可写为（法方程组）

$$\begin{bmatrix} (\varphi_0, \ \varphi_0) & (\varphi_0, \ \varphi_1) & \cdots & (\varphi_0, \ \varphi_m) \\ (\varphi_1, \ \varphi_0) & (\varphi_1, \ \varphi_1) & \cdots & (\varphi_1, \ \varphi_m) \\ \vdots & \vdots & & \vdots \\ (\varphi_m, \ \varphi_0) & (\varphi_m, \ \varphi_1) & \cdots & (\varphi_m, \ \varphi_m) \end{bmatrix} \begin{bmatrix} a_0 \\ a_1 \\ \vdots \\ a_m \end{bmatrix} = \begin{bmatrix} (\varphi_0, \ f) \\ (\varphi_1, \ f) \\ \vdots \\ (\varphi_m, \ f) \end{bmatrix} \quad (7-8)$$

易证当 $\varphi_0(x)$，$\varphi_1(x)$，$\cdots$，$\varphi_m(x)$ 线性无关时，方程组（7-8）有唯一解 a_0^*，a_1^*，$\cdots$，a_m^*．因为 $S(a_0, \ a_1, \ \cdots, \ a_m)$ 有唯一驻点，注意到 $S(a_0, \ a_1, \ \cdots, \ a_m)$ 的最小值是存在的，因此 a_0^*，a_1^*，$\cdots$，a_m^* 就是 $S(a_0, \ a_1, \ \cdots, \ a_m)$ 的最小值点，从而函数

$$\varphi^*(x) = \sum_{k=0}^{m} a_k^* \varphi_k(x)$$

就是所要求的曲线拟合函数．因此，所讨论的问题归为求解法方程组问题．

根据上面的讨论，易得如下求曲线拟合函数的算法.

① 由数据点 $(x_k, \ f(x_k))(k=0, 1, \cdots, n)$ 绘出散点图.

② 选择合适的拟合函数类 M.

③ 构造对应的法方程组，并求解以得到具体的拟合函数.

由于曲线拟合是常用的计算方法，很多数学软件都有曲线拟合命令．要注意的是，拟合类型可以借助计算机反复实验，以获得好的拟合函数.

7.2.2　湖水温度变化问题

1. 问题的提出

湖水在夏天会出现分层现象，其特点是：接近湖面的水温度较高，越往下温度越低．这种上热下冷的现象影响了水的对流和混合过程，使得下层水域缺氧，导致水生鱼类死亡．表 7-2 是某个湖的观测数据.

表 7-2　观测数据

深度/m	0	2.3	4.9	9.1	13.7	18.3	22.9	27.2
温度/℃	22.8	22.8	22.8	20.6	13.9	11.7	11.1	11.1

请问

（1）湖水在 10 m 处的温度是多少？

（2）湖水在什么深度温度变化最大？

2. 问题的分析与假设

本问题只给出了有限的实验数据点，可以想到用插值和拟合的方法来求解．假设湖水深度是温度的连续函数，引入符号如下：

h：湖水深度，单位为 m；

T：湖水温度，单位为℃，它与湖水深度的函数关系为 $T = T(h)$.

这里用多项式拟合的方法来求出 $T(h)$，然后利用求出的拟合函数就可以解决本问题了.

3. 模型的建立

将所给数据作图，横轴代表湖水深度，纵轴代表湖水温度，画出散点图（见图7-5）. 观察散点图的特点，并通过数学软件选取不同的拟合函数类进行实验，发现用5次多项式拟合比较好（见图7-6），求出拟合函数为

$$q(h) = 22.711 + 0.028h + 0.087h^2 - 0.024h^3 + 0.001h^4 - 0.000\,02h^5$$

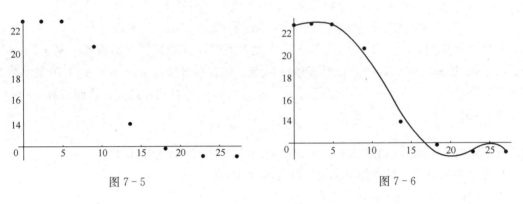

图7-5　　　　　　　　　　　　　　　　　　图7-6

因为 $T(h) \approx q(h)$，由此得湖水在 10 m 处的温度约为 $T(10) \approx q(10) = 19.097\,5\ ℃$. 为了求湖水在什么深度温度变化最大，就要求出函数 $q(h)$ 的导函数 $q'(h)$ 的绝对值最大值点. 画出 $q'(h)$ 图形，如图7-7所示.

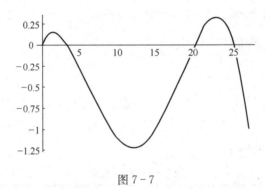

图7-7

从图中看到 $q'(h)$ 在 10 附近可以取得绝对值最大值，求 $q'(h)$ 在 10 附近的极值，得出 $h = 11.931\,2$ 是导函数的绝对值最大值点，于是可以知道湖水在深度为 11.931\,2 m 时温度变化最大.

7.2.3　三次样条插值

样条（spline）是一种细长有弹性的软木条，常用来作为工程设计中的绘图工具，绘图时用它来连接一些指定点以绘出一条光滑曲线. 由于样条本身的特性，绘出的曲线在节点处很光滑，将它进行数学描述，就得到如下三次样条函数的定义.

定义7-2　设函数 $S(x)$ 定义在区间 $[a, b]$ 上，对给定 $[a, b]$ 的一个分划

$$\Delta: a = x_0 < x_1 < \cdots < x_n = b$$

若 $S(x)$ 满足下列条件

① $S(x)$ 在 $[a, b]$ 上有二阶连续导数；

② $S(x)$ 在每个小区间 $[x_k, x_{k+1}]$ $(k=0, 1, \cdots, n-1)$ 上都是一个三次多项式；

则称函数 $S(x)$ 是关于分划 Δ 的一个**三次样条函数**，若同时还满足

③ $S(x_k) = f(x_k)$ $(k=0, 1, \cdots, n)$，

则称 $S(x)$ 是 $f(x)$ 在 $[a, b]$ 上关于分划 Δ 的**三次样条插值函数**.

三次样条插值函数的构造原理如下.

由定义 7-2 知三次样条插值函数 $S(x)$ 在每个小区间 $[x_k, x_{k+1}]$ 上是三次多项式，故 $S(x)$ 在每个小区间上有 4 个待定系数，因为共有 n 个小区间，故 $S(x)$ 共有 $4n$ 个待定系数要确定. $S(x)$ 在 $n-1$ 个内结点有直到二阶的连续导数，可以得到 $3(n-1)$ 个条件.（为什么？）

另外，由插值条件③可有 $n+1$ 个条件，共有 $4n-2$ 个条件. 要想唯一地确定 $S(x)$ 还应另加两个条件. 三次样条函数插值常引入边界条件来作为所需的两个条件，常用的边界条件有如下三类.

① 给定在两个端点上的二阶导数值 $f''(x_0)$，$f''(x_n)$，并令

$$S''(x_0) = f''(x_0), \quad S''(x_n) = f''(x_n)$$

当 $f''(x_0) = f''(x_n) = 0$ 时，称为**自然边界条件**.

② 给定在两个端点上的一阶导数值 $f'(x_0)$，$f'(x_n)$，并令

$$S'(x_0) = f'(x_0), \quad S'(x_n) = f'(x_n)$$

③ 给定 $S(x_0) = S(x_n)$，$S'(x_0) = S'(x_n)$，$S''(x_0) = S''(x_n)$.

第③类边界条件称为周期性边界条件，用于 $f(x)$ 是以 $x_n - x_0$ 为周期的函数样条插值.

构造三次样条插值函数 $S(x)$ 的方法有利用内节点处二阶导数关系的 M 方法和利用内节点处一阶导数关系的 M 方法，下面给出推导过程.

设 $h_k = x_{k+1} - x_k$，$M_k = S''(x_k)(k=0, 1, \cdots, n)$，考虑在任一小区间 $[x_k, x_{k+1}]$ 上 $S(x)$ 的表示形式. 由定义，$S(x)$ 是三次多项式，故 $S''(x)$ 在 $[x_k, x_{k+1}]$ 上是一次多项式，可以表示为

$$S''(x) = M_k \frac{x_{k+1}-x}{h_k} + M_{k+1} \frac{x-x_k}{h_k}, \quad x \in [x_k, x_{k+1}]$$

对上式做两次积分，并利用 $S(x_k) = f(x_k)$，$S(x_{k+1}) = f(x_{k+1})$，有

$$S(x) = M_k \frac{(x_{k+1}-x)^3}{6h_k} + M_{k+1} \frac{(x-x_k)^3}{6h_k} + \left(f(x_k) - \frac{M_k h_k^2}{6}\right) \frac{x_{k+1}-x}{h_k} +$$

$$\left(f(x_{k+1}) - \frac{M_{k+1} h_k^2}{6}\right) \frac{x-x_k}{h_k}, \quad x \in [x_k, x_{k+1}] \tag{7-9}$$

于是只要求出 $M_k(k=0, 1, \cdots, n)$ 也就求出了 $S(x)$.

为了求 $\{M_k\}$，利用在内节点处一阶导数连续的条件

$$S'(x_k+0) = S'(x_k-0) \qquad (k=1, 2, \cdots, n-1)$$

记

$$f[x_k, \ x_{k+1}] = \frac{f(x_{k+1}) - f(x_k)}{x_{k+1} - x_k}, \quad f[x_{k-1}, \ x_k, \ x_{k+1}] = \frac{f[x_{k+1}, \ x_k] - f[x_k, \ x_{k-1}]}{x_{k+1} - x_{k-1}}$$

则由式(7-7)有

$$S'(x) = -M_k \frac{(x_{k+1} - x)^2}{2h_k} + M_{k+1} \frac{(x - x_k)^2}{2h_k} + f[x_k, \ x_{k+1}] - \frac{M_{k+1} - M_k}{6} h_k \qquad (7-10)$$

$$x \in [x_k, \ x_{k+1}], \ (k = 0, \ 1, \ \cdots, \ n-1)$$

由式(7-10)有

$$S'(x_k + 0) = -\frac{h_k}{2} M_k + f[x_k, \ x_{k+1}] - \frac{M_{k+1} - M_k}{6} h_k$$

$$S'(x_{k+1} - 0) = \frac{h_k}{2} M_{k+1} + f[x_k, \ x_{k+1}] - \frac{M_{k+1} - M_k}{6} h_k$$

再由 $S'(x_k + 0) = S'(x_k - 0)$，得

$$\mu_k M_{k-1} + 2M_k + \lambda_k M_{k+1} = d_k \qquad (k = 1, \ 2, \ \cdots, \ n-1)$$

式中

$$\mu_k = \frac{h_{k-1}}{h_{k-1} + h_k}, \quad \lambda_k = 1 - \mu_k \qquad (7-11)$$

$$d_k = 6f[x_{k-1}, \ x_k, \ x_{k+1}]$$

对第二类边界条件，可得另外两个方程为

$$2M_0 + M_1 = \frac{6}{h_0}(f[x_0, \ x_1] - f'(x_0))$$

$$M_{n-1} + 2M_n = \frac{6}{h_{n-1}}(f'(x_n) - f[x_{n-1}, \ x_n])$$

若令

$$\lambda_0 = 1, \quad d_0 = \frac{6}{h_0}(f[x_0, \ x_1] - f'(x_0))$$

$$\mu_n = 1, \quad d_n = \frac{6}{h_{n-1}}(f'(x_n) - f[x_{n-1}, \ x_n]) \qquad (7-12)$$

则 $M_0, M_1, \cdots, M_n$ 的关系式可写为矩阵形式

$$\begin{bmatrix} 2 & \lambda_0 & & & & \\ \mu_1 & 2 & \lambda_1 & & & \\ & \ddots & \ddots & \ddots & & \\ & & \mu_{n-1} & 2 & \lambda_{n-1} \\ & & & \mu_n & 2 \end{bmatrix} \begin{bmatrix} M_0 \\ M_1 \\ \vdots \\ M_{n-1} \\ M_n \end{bmatrix} = \begin{bmatrix} d_0 \\ d_1 \\ \vdots \\ d_{n-1} \\ d_n \end{bmatrix} \qquad (7-13)$$

　　方程组(7-13)称为 **M 关系式**. 对第一类边界条件和第三类边界条件也有类似的 M 关系式. 易验证它们都是严格对角占优的，因此都有唯一解. 这样可以得出求三次样条插值函数的算法：

① 计算出 μ_k，λ_k，d_k $(k=0, 1, \cdots, n)$；

② 对不同的边界条件选择相应的 M 关系式，并进行求解，得 M_0，M_1，$\cdots$，M_n 的值；

③ 利用式(7-9)得到三次样条插值函数 $S(x)$.

7.2.4 估计水塔的水流量

1. 问题的提出

美国某州的用水管理机构要求各社区提供以每小时多少加仑计的用水率及每天所用的总用水量，但许多社区并没有测量流入或流出当地水塔的水量的设备，而只能以每小时测量水塔中的水位代替，其精度在 0.5% 以内. 更为重要的是，无论什么时候，只要水塔中的水位下降到某一最低水位 L 时，水泵就启动向水塔重新充水直到某一最高水位 H，但也无法得到水泵供水量的测量数据，因此在水泵正在工作时，不容易建立水塔中水位与水泵工作时用水量之间的关系. 水泵每天向水塔充水一次或两次，每次大约两小时. 试估计在任何时候，甚至包括水泵正在工作的时间内从水塔流出的流量 $f(t)$，并估计一天的总用水量. 表 7-3 给出了某个小镇某一天的真实数据（本题为美国大学生数学建模竞赛题）.

表 7-3 某小镇某天的水塔水位

时间/s	水位/0.01 英尺	时间/s	水位/0.01 英尺	时间/s	水位/0.01 英尺
0	3 175	35 932	水泵工作	68 535	2 842
3 316	3 110	39 332	水泵工作	71 854	2 767
6 635	3 054	39 435	3 550	75 021	2 697
10 619	2 994	43 318	3 445	79 154	水泵工作
13 937	2 947	46 636	3 350	82 649	水泵工作
17 921	2 892	49 953	3 260	85 968	3 475
21 240	2 850	53 936	3 167	89 953	3 397
25 223	2 797	57 254	3 087	93 270	3 340
28 543	2 752	60 574	3 012		
32 284	2 697	64 554	2 927		

表 7-3 给出了从第一次测量开始的以秒为单位的时刻，以及该时刻的水塔中水位的测量值. 例如，3 316 s 后，水塔中的水位达到 31.10 英尺. 水塔是一个垂直圆形柱体，高为 40 英尺，直径为 57 英尺. 通常当水塔的水位降到约 27.00 英尺时，水泵就向水塔重新充水；而当水塔的水位升到约 35.50 英尺时，水泵停止工作.

2. 模型假设

为建模的需要，给出如下假设.

① 影响水的流量的唯一因素是公众对水的传统要求. 因为表 7-3 给出的数据没有提及任何其他的影响因素，所以假定所给数据反映了有代表性的一天，而不包括任何特殊情况，如自然灾害、火灾、水塔溢水、水塔漏水等对水的特殊要求；

② 水塔中的水位不影响水流量的大小，气候条件、温度变化等也不影响水流量. 因为物理学的 Torricelli 定律指出：水塔的最大水流量与水位高度的平方根成正比，由表中数据

有 $\dfrac{\sqrt{35.50}}{\sqrt{27.00}} \approx 1$，说明最高水位和最低水位的两个流量几乎相等；

　　③ 水泵工作起止时间由它的水位决定，每次充水时间大约为两个小时. 水泵工作性能效率总是一定的，没有工作时需维修、使用次数多影响使用效率问题，水泵充水量远大于水塔水流量；

　　④ 表中的时间数据准确在 1 s 以内；

　　⑤ 水塔的水流量与水泵状态独立，并不因水泵工作而增加或减少水流量的大小；

　　⑥ 水塔的水流量曲线可以用一条光滑的曲线来逼近，这时水流量曲线的二阶导数是连续的.

3. 符号约定及说明

h——水塔中水位的高度，是时间的函数，单位为英尺；

V——水塔中水的体积，是时间的函数，单位为加仑；

t——时间，单位为小时（h）；

f——水塔水流量，是时间的函数，单位为加仑/h；

p——水泵工作时充水的水流量，是时间的函数，单位为加仑/h.

4. 问题分析与建模

给出的问题需要通过给定的一组数据来解决，可以想到应通过对所给的数据进行插值或拟合来建模. 本题可以分成以下三个步骤.

　　① 由所给数据得到在各数据点处的水流量（数值转换）.

　　② 找出一个水从水塔流出的水流量的光滑拟合逼近.

　　③ 处理水泵工作时的充水量及一天该小镇公众的总用水量，同时也重建了水泵工作时所缺的数据.

（1）所给数据的处理

把表 7-3 所给的数据作为时间的函数画成散点图，如图 7-8 所示. 从图 7-8 可以看出，要想获得一个好的水流量的光滑拟合，首先要解决如何描述水塔充水期间的水流量，特别是水泵的起止工作时间问题. 为此，先分析水泵充水期间的观察数据，要解决两个问题：一是两次充水准确的起始时间和停止时间，如果无法得到准确时间，以哪一时刻作为起止时间比较合理；二是充水期间的水流量如何描述. 从所给的数据无法知道水泵开始和停止的准确时间，考虑两次充水期间的数据情况.

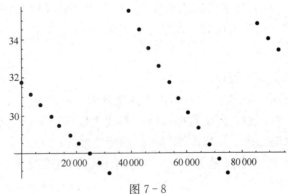

图 7-8

第一次充水期间的数据有

32 284(s)	26.97(英尺)
35 932(s)	水泵工作
39 332(s)	水泵工作
39 435(s)	35.50(英尺)

　　因为在 39 435 s 时水位为 35.50 英尺,它是水位停止工作的水位,因此可以考虑 39 435 s 为水泵停止工作的时间. 为了找出水泵开始工作的时间,注意到在 32 284 s 时水位为 26.97 英尺,接近 27.00 英尺,而时间差为 39 435−32 284=7 151(s)≈1.99 h,由于水泵每次充水大约要 2 h,故可以考虑 32 284 s 为水泵开始工作的时间.

　　对第二次充水期间的数据为:

75 021(s)	26.97(英尺)
79 154(s)	水泵工作
82 649(s)	水泵工作
85 968(s)	34.75(英尺)

　　因为在 75 021 s 时的水位为 26.97 英尺,接近 27.00 英尺,可以假设 75 021 s 为水泵开始工作的时间. 但如果说在 85 968 s 时水位 34.75 英尺也接近水泵停止工作的 35.50 英尺,并选择 85 968 s 是水位停止工作的时间就有些勉强,因为考察对应的时间差有

$$85\ 968−75\ 021=10\ 947(s)≈3.04(h)$$

这个时间差不符合水泵每次充水大约要 2 h 的假定,所以选择 85 968 s 是水位停止工作的时间不合适. 如果选择其前面的时间会怎样呢? 考察时间差有

$$82\ 649−75\ 021=7\ 628(s)≈2.12(h)$$

这个时间差符合水泵每次充水大约要 2 h 的假定. 由此可以选择 82 649 s 为水泵第二次充水停止时间,并且此时水位可以取为 35.50 英尺. 这样不仅确定了水泵的起止工作时间,而且还额外获得一个新增数据,即第二次充水期间的数据变为

75 021(s)	26.97(英尺)
79 154(s)	水泵工作
82 649(s)	35.50(英尺)
85 968(s)	34.75(英尺)

　　(2) 水流量曲线的拟合

　　表 7-3 给出的是水位与时间的关系,而题目要求的是水流量与时间的关系. 利用水塔是高为 40 英尺、直径为 57 英尺的垂直圆形柱体,并根据体积单位的换算关系:1 立方英尺=7.481 33 加仑,可以先将表 7-3 的数据转化为水塔中水的体积与时间的关系,然后再转化为水流量与时间的关系. 表 7-4 是转换后水的体积与时间的数据,图 7-9 是对应的散点图.

表 7-4　水的体积与时间的关系

时间 t/h	体积 V/加仑	时间 t/h	体积 V/加仑	时间 t/h	体积 V/加仑
0	606 125	9.981 1	水泵工作	19.037 5	542 554
0.921 1	593 717	10.925 6	水泵工作	19.959 4	528 236
1.843 1	583 026	10.954 2	677 715	20.839 2	514 872
2.949 7	571 571	12.032 8	657 670	22.015	水泵工作
3.871 4	562 599	12.954 4	639 534	22.958 1	677 715
4.978 1	552 099	13.875 8	622 352	23.880 0	663 397
5.900 0	544 081	14.982 2	604 598	24.986 9	648 506
7.006 4	533 963	15.903 9	589 325	25.908 3	637 625
7.928 6	525 372	16.826 1	575 008		
8.967 8	514 872	17.931 7	558 781		

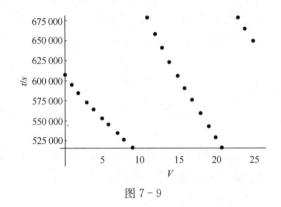

图 7-9

因为流量与体积有关系 $f(t) = \left| \dfrac{\mathrm{d}V}{\mathrm{d}t} \right|$，如果采用插值法来获得流量函数的近似函数 $f(t)$，有以下两种方法可以做到.

① 由数据点集 $\{(t_k, V_k)\}$ 获得流量函数的数据点集 $\{(t_k, f(x_k))\}$，然后再利用插值法直接求出流量函数的近似函数 $f(t)$.

② 由数据点集 $\{(t_k, V_k)\}$ 先获得水体积的近似函数 $V(t)$，然后对 $V(t)$ 求导得到 $f(t) \approx \left| \dfrac{\mathrm{d}V}{\mathrm{d}t} \right|$.

下面采用第一种方法来求出流量函数的近似函数 $f(t)$. 为了获得流量函数的数据点集 $\{(t_k, f(x_k))\}$，这里采用差商的方法. 注意到所给数据被水泵两次充水分割成三组，如果去掉水泵工作时间的不确定数据，还有 25 个数据点，假设这些数据点对应的时间分别为：$t_0, t_1, \cdots, t_{24}$，那么这三组对应的数据分别为

第一组：$t_0, t_1, \cdots, t_9$；

第二组：$t_{10}, t_{11}, \cdots, t_{20}$；

第三组：$t_{21}, t_{22}, t_{23}, t_{24}$.

为了减少计算误差，对每一组数据分别采用不同的公式计算每一组数据点的水流量，具体如下.

对处于中间的数据，采用中心差商公式来计算，即

$$f_i = \left| \frac{-V_{i+2} + 8V_{i+1} - 8V_{i-1} + V_{i-2}}{12(t_{i+1} - t_i)} \right| \tag{7-14}$$

对每组前两个数据点，采用向前差商公式来计算，即

$$f_i = \left| \frac{-3V_i + 4V_{i+1} - V_{i+2}}{2(t_{i+1} - t_i)} \right| \tag{7-15}$$

对于每组最后两个数据，采用向后差商公式计算，即

$$f_i = \left| \frac{3V_i - 4V_{i-1} + V_{i-2}}{2(t_i - t_{i-1})} \right| \tag{7-16}$$

计算结果见表 7-5 和图 7-10.

表 7-5 时间与水流量的关系

时间/h	水流量/(加仑/h)	时间/h	水流量/(加仑/h)	时间/h	水流量/(加仑/h)
0	14 405	9.981 1	水泵工作	19.037 5	16 653
0.921 1	11 180	10.925 6	水泵工作	19.959 4	14 496
1.843 1	10 063	10.954 2	19 469	20.839 2	14 648
2.949 7	11 012	12.032 8	20 196	22.015	水泵工作
3.871 4	8 797	12.954 4	18 941	22.958 1	15 225
4.978 1	9 992	13.875 8	15 903	23.880 0	15 264
5.900 0	8 124	14.982 2	18 055	24.986 9	13 708
7.006 4	10 160	15.903 9	15 646	25.908 3	9 633
7.928 6	8 488	16.826 1	13 741		
8.967 8	11 018	17.931 7	14 962		

因为三次样条插值具有很好的逼近特性，这里采用三次样条插值来得到水流量的近似函数 $f(t)$. 为了给出样条插值函数所需的边界条件，用式（7-14）和式（7-15）得出两个边界条件为

$$f_0' = \frac{-3f_0 + 4f_1 - f_2}{2(t_1 - t_0)} = -4\ 645.53$$

$$f_{24}' = \frac{3f_{24} - 4f_{23} + f_{22}}{2(t_{24} - t_{23})} = -5\ 789.56$$

用数学软件编程可以得到水流量的估计函数模型 $f(t)$，其函数图形如图 7-11 所示.

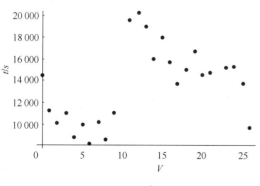

图 7-10

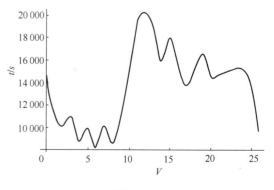

图 7-11

（3）水泵充水期间的水流量处理

水泵充水期间的水流量仅用已知的数据是无法得出的，这里用两次充水期间的平均水流量来处理.

第一次充水期间充满水的体积为

$$\Delta V_1 = 677\ 715 - 514\ 872 = 162\ 843 (加仑)$$

充水时间为

$$\Delta t_1 = 10.954\ 2 - 8.967\ 8 = 1.986\ 4 (h)$$

则第一次充水期间的水泵平均水流量为

$$p_1 = \frac{\Delta V_1 + \int_{8.967\ 8}^{10.954\ 2} f(t)\mathrm{d}t}{\Delta t_1} \approx 97\ 576 (加仑/h)$$

第二次充水期间充满水的体积为

$$\Delta V_2 = 677\ 715 - 514\ 872 = 162\ 843 (加仑)$$

充水时间为

$$\Delta t_2 = 22.958\ 1 - 20.839\ 2 = 2.118\ 9 (h)$$

则第二次充水期间的水泵平均水流量为

$$p_2 = \frac{\Delta V_2 + \int_{20.839\ 2}^{22.958\ 1} f(t)\mathrm{d}t}{\Delta t_2} \approx 91\ 910 (加仑/h)$$

采用两次充水期间的平均水流量作为水泵充水期间的水流量可以尽量减少误差，这样水泵充水期间的水流量为

$$p = \frac{p_1 + p_2}{2} = 94\ 743 (加仑/h)$$

5. 模型求解

用水流量插值曲线 $f(t)$ 在 24 h 的时间区间上积分即可求出该镇一天的总用水量. 考虑到插值函数受端点边界条件的影响，故用在 $[0.921\ 1, 24.921\ 1]$ 时间区间上的积分作为该镇一天的总用水量，于是有

$$\int_{0.921\ 1}^{24.921\ 1} f(t)\mathrm{d}t \approx 334\ 088 (加仑)$$

因此可以得到该镇一天的总用水量约为 334 088 加仑.

下面从两个方面来检验计算结果.

检验 1 用所得水流量函数检验

利用所给数据的时间在[0，25.908 3]上的特点，在其上任取 24 h 的时间段做积分，有

$$\int_{1.843\ 1}^{25.843\ 1} f(t)\mathrm{d}t \approx 335\ 729 (加仑)$$

$$\int_{0.5}^{24.5} f(t)\mathrm{d}t \approx 332\ 990 (加仑)$$

它们相差约 1%.

检验 2 利用给定的数据检验

把非充水期间的用水量用已知数据尽量算出，其余部分用数值积分计算. 取[0，24]为时间区间，则第一次充水前用水量为

$$V_1 = 606\,125 - 514\,872 = 91\,253(\text{加仑})$$

第一次充水后，第二次充水前用水量为

$$V_2 = 677\,715 - 514\,872 = 162\,843(\text{加仑})$$

第一次充水期间用水量为

$$\int_{8.967\,8}^{10.954\,2} f(t)\mathrm{d}t \approx 31\,027(\text{加仑})$$

第二次充水期间用水量为

$$\int_{20.839\,2}^{22.958\,1} f(t)\mathrm{d}t \approx 31\,906(\text{加仑})$$

在 $[22.958\,1,\,23.88]$ 期间用水量为

$$V_3 = 677\,715 - 663\,397 = 14\,318(\text{加仑})$$

在 $[23.88,\,24]$ 期间用水量为

$$\int_{23.88}^{24} f(t)\mathrm{d}t \approx 1\,829(\text{加仑})$$

于是得到一天的总用水量为

$$V_1 + V_2 + V_3 + 31\,027 + 31\,906 + 1\,829 = 333\,176(\text{加仑})$$

与 $\int_{0.921\,1}^{24.921\,1} f(t)\mathrm{d}t \approx 334\,088$ 相差约 0.3%. 这个结果说明插值曲线 $f(t)$ 是相当精确的.

6. 误差分析

下面估计用所得模型计算一天总用水量的误差. 因为水位观测值的误差在 0.5% 以内，由圆柱体积公式 $V = \pi r^2 h$ 可知，对应水体积的误差也在 0.5% 以内. 根据转换水体积的数据知，水体积误差在 $2\,574 \sim 3\,389$ 加仑之间，这与一天的用水量相比是微不足道的. 为分析一天总用水量的误差，由于直接从构造公式中计算误差不方便，下面采用直接由所得水体积数表来分析误差. 记 V_{p1}，V_{p2} 为两次充水期间的用水量，V_t 表示时刻 t 的水体积，则一天用水总量为

$$V = V_0 - V_{8.967\,8} + V_{p1} + V_{10.954\,2} - V_{20.839\,2} + V_{p2} + V_{22.958\,1} - V_{23.88} + V_{[23.88,24]} \quad (7-17)$$

其中，$V_{[23.88,24]}$ 是时间区间 $[23.88,\,24]$ 的用水量.

因为式 $(7-17)$ 中 V_0，$V_{8.967\,8}$，$V_{10.954\,2}$，$V_{20.839\,2}$，$V_{22.958\,1}$，$V_{23.88}$ 的误差为 0.5%，所以只需估计 V_{p1}，V_{p2}，$V_{[23.88,24]}$ 的误差. 由于直接用样条函数来估计 V_{p1}，V_{p2}，$V_{[23.88,24]}$ 的误差不方便，这里利用样条函数的误差总是相近的特点，采用从实际中分析误差的界限方法，具体为：随机取出测量水位的时间区间用水量的误差，以其平均值作为 V_{p1}，V_{p2}，$V_{[23.88,24]}$ 的误差. 这里取以下 6 个时间段，即

$$[0.921\,1,\,1.843\,1], \qquad [3.871\,4,\,4.978\,1], \qquad [7.928\,6,\,8.967\,8],$$
$$[10.954\,2,\,12.032\,8], \qquad [15.903\,9,\,16.826\,1], \qquad [19.037\,5,\,19.959\,4]$$

由表 7-5 得用水量为

$$10\,690, \quad 10\,500, \quad 10\,500, \quad 20\,045, \quad 14\,317, \quad 14\,318$$

而用 $f(t)$ 的积分算出的对应用水量分别为

$$9\,574, \quad 10\,391, \quad 9\,663, \quad 21\,622, \quad 14\,470, \quad 14\,397$$

对应误差分别约为

$$11.7\%, \quad 1.0\%, \quad 8.7\%, \quad 7.3\%, \quad 1.1\%, \quad 0.5\%$$

其平均值约为 5.1%，由此可以算得一天总用水量的标准偏差为

$$S_v=\sqrt{S_{v0}^2+S_{v8.9678}^2+S_{vp1}^2+S_{v10.9542}^2+S_{v20.8392}^2+S_{vp2}^2+S_{v22.9581}^2+S_{v23.88}^2+S_{v[23.88,24]}^2}$$

由当 $V=V_0$，$V_{8.9678}$，$V_{10.9542}$，$V_{20.8392}$，$V_{22.9581}$，$V_{23.88}$ 时，$S_v=0.5\%V$；当 $V=V_{p1}$，V_{p2}，$V_{[23.88,24]}$ 时，$S_v=5.1\%V$，可以算出一天总用水量的误差为

$$S_v=7\,846(\text{加仑})$$

大约为一天用水量的 $2.4\%(=S_v/V)$

7. 模型的优缺点

该模型的优点为：

① 模型可以用于有一个标准水箱的小镇，容易推广；

② 模型用到的知识简单易懂，模型容易完成；

③ 模型不仅提供了水流量及一天用水量的较为准确的估计值，还可以估计任何时刻的水流量，包括水泵工作时的水流量.

该模型的缺点是无法准确估计结果的误差.

习题与思考

1. 已知一组实验数据

x	1	3	4	5	6	7	8	9	10
$f(x)$	10	5	4	2	1	1	2	3	4

用多项式拟合求其拟合曲线.

2. （合成纤维的强度问题）某种合成纤维的强度与拉伸倍数有直接关系，为了获得它们之间的关系，科研人员实际测定了 20 个纤维样品的强度和拉伸倍数，获得数据如表 7-6 所示.

表 7-6 数　据

编号	1	2	3	4	5	6	7	8	9	10
拉伸倍数	1.9	2.0	2.1	2.5	2.7	2.7	3.5	3.5	4.0	4.0
强度/MPa	14	13	18	25	28	25	30	27	40	35
编号	11	12	13	14	15	16	17	18	19	20
拉伸倍数	4.5	4.6	5.0	5.2	6.0	6.3	6.5	7.1	8.0	8.0
强度/MPa	42	35	55	50	55	64	60	53	65	70

试确定这种合成纤维的强度与拉伸倍数的关系.

3. （机床加工问题）通常待加工零件的外形按工艺要求由一组数据 $\{x_i,y_i\}_{i=0}^n$ 给出. 由于程控铣床加工时每一刀只能沿 x 方向和 y 方向走很小的一步，因此需要利用所给的这组数据获得铣床进行加工时要求的行进步长坐标值. 现测得机翼断面的下轮廓线上的一组数据如表 7-7 所示.

表 7-7 数　据

x	0	3	5	7	9	11	12	13	14	15
y	0	1.2	1.7	2.0	2.1	2.0	1.8	1.2	1.0	1.6

假设需要得到 x 坐标每改变 0.1 时 y 的坐标以决定加工路线，试给出加工所需要的数据.

4. 你也许认为新生儿的出生日期应该均匀分布在每周的任何一天，但事实并非如此. 表 7-8 的数据是美国国家健康统计中心统计得出的 1999 年周新生儿每天出生的平均人数.

表 7-8 数据

星期	星期日	星期一	星期二	星期三	星期四	星期五	星期六
平均出生人数/人	7 731	11 018	12 424	12 183	11 893	12 012	8 654

请根据该样本数据给出合适的拟合函数.

5. 由给定的一组数据 $(x_i，y_i)(i=1，2，\cdots，n)$，分析一个经验公式 $y=f(x，a，b，\cdots，c)$，其中 $a，b，\cdots，c$ 为一组待定参数，在使

$$\sum_{i=1}^{n}\left[y_i-f(x_i，a，b，\cdots，c)\right]^2$$

取到最小值的情况下，确定 $a，b，\cdots，c$ 的值的方法叫做最小二乘法. 当确定了参数 $a，b，\cdots，c$ 以后也就得到了一个由这组数据拟合的函数. 这个拟合函数与本章的曲线拟合有何异同? 对其不同的情况，应该怎样求拟合函数?

6. 估计水塔水流量问题的建模处理方法，对你有哪些启发?

7. 在估计水塔水流量中，如果用曲线拟合法来求水流量曲线 $f(t)$，应该怎样做?

第 8 章　面向问题的新算法构造方法

在数学建模过程中，怎样快速有效地进行模型求解有时是解决实际问题的关键. 当你的模型求解用已知的求解方法效果不好或没有现成的求解方法时，尝试自己设计一个专用的算法将是完成数学建模任务的关键. 自己设计一个专用的算法虽然很有挑战性，但也不都是非常困难的. 本章通过几个典型的算法设计案例介绍这方面的做法，以达到读者了解和学习这方面技能的目的.

8.1　平面曲线离散点集拐点的快速查找算法

1. 问题的提出

平面波形曲线一般是由一系列在较短时间间隔内采集的数据点获得的平面离散点集，再经过分段线性插值画出的. 波形特征（如波形曲线的极值点和拐点）的自动识别在各种探伤和检测的计算机信息处理中占有重要的地位. 如何快速确定构成波形的这些离散点集中的拐点在平面曲线波形的计算机自动识别中是经常要考虑的问题之一. 目前确定平面离散点集中的拐点还没有较好的算法，一般是借助数值微分的多点数值微分公式或外推算法，这往往有计算量大和误差大的缺点.

2. 问题的分析与算法构造

为了构造一个不用常规方法求平面波形曲线拐点的新算法，就要直接研究以稠密的平面离散点集为对象的求拐点快速算法.

拐点是曲线凹凸交界点，注意到不在同一直线上的三点可以确定此段曲线的凹凸性. 因此，要获得曲线拐点信息至少需要四个点. 观察由平面散点集画出的散点图，发现散点图中的某点如果是拐点，就要由该点左边的 2 个点和右边的 1 个点共 4 个点来确定，如图 8 - 1 所示.

从图中拐点的特征可以看出，求拐点的问题实际上是确定点集中点的分类和判别问题，同时也提示可以尝试用平面解析几何的思想和理论来构造新算法.

由于凸（或凹）曲线是其所有切线的包络线，因此在较小的范围内，凸（或凹）曲线上的点都处于其上切线族的同侧. 假设给定的点集来自彼此很接近的曲线点集，则曲线的切线可以由相继两点的正向直线代替，这样就可以用关于正向曲线的点集分类来确定拐点.

平面解析几何的理论告诉我们平面的直线可以把平面的点集分为两类，如果是有向直线，其分类将不依赖坐标系. 观察图 8 - 1 发现：如果 P_3 是拐点，则当 P_3 处于 P_1 和 P_2 连线的上方时，P_4 则处于 P_2 和 P_3 连线的下方；当 P_3 处于 P_1 和 P_2 连线的下方时，P_4 则处于 P_2 和 P_3 连线的上方. 为了用数学公式描述这个特点，引入如下的定义.

定义 8 - 1　设平面上两点的坐标分别为 $P_1(x_1, y_1)$ 和 $P_2(x_2, y_2)$，$P_1 \neq P_2$，称具有

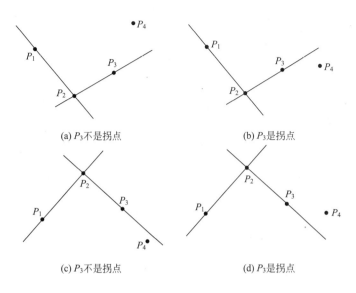

(a) P_3 不是拐点   (b) P_3 是拐点

(c) P_3 不是拐点   (d) P_3 是拐点

图 8 - 1

方向 $P_1 P_2$ 且过此两点的有向直线为正向直线，而称对应的直线方程
$$L:(x_2-x_1)(y-y_1)+(y_1-y_2)(x-x_1)=0$$
为关于点 P_1，P_2 的正向直线方程.

定义 8 - 2 给定平面上一条正向直线 L，平面上不在 L 上的点分为两类，处于直线 L 顺时针一侧的点称为关于正向直线 L 的内点，而处于 L 逆时针一侧的点称为关于正向直线 L 的外点.

由如上定义可以得出一个用函数的符号判别关于正向直线 L 的内外点的结论.

定理 8 - 1 记关于平面上两点 $P_1(x_1，y_1)$ 和 $P_2(x_2，y_2)$ 的正向直线方程 L 的左端表达式为函数
$$S_{12}(x，y)=(x_2-x_1)(y-y_1)+(y_1-y_2)(x-x_1) \tag{8-1}$$
对于不在直线 L 上的任何一点 $P_0(x_0，y_0)$，有

(1) 如果 $S_{12}(x_0，y_0)<0$，则 $P_0(x_0，y_0)$ 是正向直线 L 的内点；

(2) 如果 $S_{12}(x_0，y_0)>0$，则 $P_0(x_0，y_0)$ 是正向直线 L 的外点.

证明 关于正向直线 L 的内点有以下 4 种情况，如图 8 - 2 所示. 取与点 $P_0(x_0，y_0)$ 有同一横坐标且在 L 上的参考点 $Q(x_0，y^*)$，则有
$$S_{12}(x_0，y^*)=(x_2-x_1)(y^*-y_1)+(y_1-y_2)(x_0-x_1)=0$$
将 $P_0(x_0，y_0)$ 代入函数 $S_{12}(x，y)$，有
$$
\begin{aligned}
S_{12}(x_0，y_0)&=(x_2-x_1)(y_0-y_1)+(y_1-y_2)(x_0-x_1)\\
&=(x_2-x_1)(y_0-y^*+y^*-y_1)+(y_1-y_2)(x_0-x_1)\\
&=(x_2-x_1)(y_0-y^*)+(x_2-x_1)(y^*-y_1)+(y_1-y_2)(x_0-x_1)\\
&=(x_2-x_1)(y_0-y^*)
\end{aligned}
$$

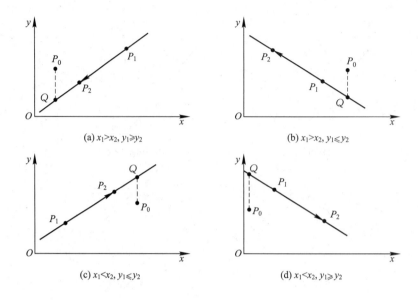

图 8 - 2

若 $S_{12}(x_0, y_0) < 0$，由式 (8-1)，对图 8-2 (c) 和图 8-2 (d)，由于 $x_2 - x_1 > 0$，得 $y_0 - y^* < 0$，即 $y_0 < y^*$，说明在这两种情况下，点 $P_0(x_0, y_0)$ 位于直线 L 下方；而对于图 8-2 (a) 和图 8-2 (b)，由于 $x_2 - x_1 < 0$，得 $y_0 > y^*$，说明在这两种情况下，点 P_0 (x_0, y_0) 位于直线 L 上方. 因此，不论是哪种情况，当 $S_{12}(x_0, y_0) < 0$ 时，点 $P_0(x_0, y_0)$ 都位于正向直线 L 的顺时针一侧，由定义 8-2 可知 $P_0(x_0, y_0)$ 是关于正向直线 L 的内点. 于是得出如果 $S_{12}(x_0, y_0) < 0$，则点 $P_0(x_0, y_0)$ 是关于正向直线 L 的内点.

同理，可以证明如果 $S_{12}(x_0, y_0) > 0$，则点 $P_0(x_0, y_0)$ 是关于正向直线 L 的外点.

3. 拐点的确定及算法

根据前面正向直线和内外点知识，可以对顺序 4 个点中的第 3 个点进行是否为拐点的判断. 设 $P_1(x_1, y_1)$，$P_2(x_2, y_2)$，$P_3(x_3, y_3)$，$P_4(x_4, y_4)$ 是曲线上相继的彼此很接近的 4 个点，且点 $P_3(x_3, y_3)$ 可能是拐点. 取 $P_1(x_1, y_1)$，$P_2(x_2, y_2)$，得到正向直线方程

$$L_1: S_{12}(x, y) = 0$$

计算函数值 $S_{12}(x_3, y_3)$，可以确定点 $P_3(x_3, y_3)$ 位于正向直线方程 L_1 的哪一侧，然后再取点 $P_2(x_2, y_2)$，$P_3(x_3, y_3)$，得到另一正向直线方程

$$L_2: S_{23}(x, y) = 0$$

计算函数值 $S_{23}(x_4, y_4)$，可以确定点 $P_4(x_4, y_4)$ 位于正向直线方程 L_2 的哪一侧. 如果 $S_{12}(x_3, y_3) S_{23}(x_4, y_4) < 0$，则可以得出点 $P_3(x_3, y_3)$ 是一个拐点，否则 $P_3(x_3, y_3)$ 不是拐点.

对来自某一曲线上相继的彼此很接近的一组离散点 $P_k(x_k, y_k)$ $(k = 1, 2, \cdots, n)$，假设曲线上的拐点都在其中. 可以先由开始的 4 个点 $P_1(x_1, y_1)$，$P_2(x_2, y_2)$，$P_3(x_3, y_3)$，$P_4(x_4, y_4)$ 来判别 P_3 是否为拐点，然后加入下一个点 $P_5(x_5, y_5)$，用

$P_2(x_2, y_2)$, $P_3(x_3, y_3)$, $P_4(x_4, y_4)$ 和 $P_5(x_5, y_5)$ 来判别 P_4 是否为拐点，这样依次做下去就可以知道 P_5, P_6, $\cdots$, P_{n-1} 是否为拐点. 由于处于曲线开始和结尾的拐点一般不考虑，因此可以得到如下算法.

4. 确定平面曲线离散点集中拐点的快速算法

① 计算 $S_{12}(x_3, y_3)$，并将其存储在变量 S_1 中，即 $S_{12}(x_3, y_3) \Rightarrow S_1$.

② 对 $k=3, 4, \cdots, n-1$：

- $S_{k-1k}(x_{k+1}, y_{k+1}) \Rightarrow S_2$，
- 如果 $S_1 \cdot S_2 < 0$，则 $P_k(x_k, y_k)$ 是拐点，保存点 $P_k(x_k, y_k)$；
- 替换 S_1 的值，进行下一个点的判别：$S_2 \Rightarrow S_1$.

③ 停止.

以上算法可以非常快速准确地找到给定平面曲线离散点集中的拐点，且计算误差小. 效率高. 特别地，当给定的离散点集来自点集横坐标为等距递增情况时，即 $x_k = x_1 + kh$ ($k=2, 3, \cdots, n$)，步长 $h>0$，此时选取任意相邻三个点

$$P_{k-1}(x_{k-1}, y_{k-1}), P_k(x_k, y_k), P_{k+1}(x_{k+1}, y_{k+1})$$

由坐标的等距性，有

$$S_{k-1,k}(x_{k+1}, y_{k+1}) = (x_k - x_{k-1})(y_{k+1} - y_{k-1}) + (y_{k-1} - y_k)(x_{k+1} - x_{k-1})$$
$$= h(y_{k+1} - 2y_k + y_{k-1})$$
$$= h((y_{k+1} - y_k) - (y_k - y_{k-1}))$$

为减少计算量，引入变元 $z_k = y_k - y_{k-1}$，于是有

$$S_{k-1,k}(x_{k+1}, y_{k+1}) = h(z_{k+1} - z_k)$$

注意到 $h>0$，于是 $z_{k+1} - z_k$ 的符号可以决定 $S_{k-1,k}(x_{k+1}, y_{k+1})$ 的符号，这样可以得到以下关于点集横坐标为等距递增的平面曲线离散点集拐点的更加快速简洁的算法.

5. 更加快速简洁的查找算法

① 对 $k=2, 3, \cdots, n$，计算 $z_k = y_k - y_{k-1}$；

② 做 $z_2 - z_1 \Rightarrow S_1$；

③ 对 $k=2, 3, \cdots, n$

- $z_k - z_{k-1} \Rightarrow S_2$；
- 如果 $S_1 \cdot S_2 < 0$，则 $P_k(x_k, y_k)$ 是拐点，保存点 $P_k(x_k, y_k)$；
- 替换 S_1 的值，进行下一个点的判别：$S_2 \Rightarrow S_1$.

④ 停止.

6. 算法检验与结论

为了说明以上算法的效率，下面分别给出一般曲线波形离散点集和参数曲线离散点集求拐点的计算例题.

【例 8-1】 考虑在 $[-3, 3]$ 上的函数 $y = x\sin x^2$，它在 $[-3, 3]$ 上有 7 个拐点，它们的横坐标分别为 $x_1 = -2.5514$，$x_2 = -1.88206$，$x_3 = -0.994103$，$x_4 = 0$，$x_5 = 0.994103$，$x_6 = 1.88206$，$x_7 = 2.5514$.

现在从该曲线上取 400 个等距点获得该曲线的离散点集. 利用上述算法可以快速准确地求出该离散点集的拐点，分别为

第 31 个点：$(-2.55, -0.554\,78)$，第 76 个点：$(-1.875, 0.685\,072)$

第 135 个点：$(-0.99, -0.822\,248)$，第 201 个点：$(2.43\times10^{-15}, 1.43\times10^{-44})$

第 268 个点：$(1.005, 0.851\,079)$，第 327 个点：$(1.89, -0.788\,757)$

第 372 个点：$(2.565, 0.748\,299)$

其散点图与求出的拐点在同一坐标系的图形如图 8-3 所示.

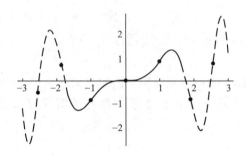

图 8-3

【例 8-2】 考虑参数方程 $x = \sin t\cos t$，$y = \sin t\sin t^2$，$t \in [0, \pi]$. 现在从该参数曲线上取 1 000 个等距点获得该参数曲线图形的离散点集. 利用上述算法可以快速准确地求出了该离散点集的拐点为

第 590 个点：$(-0.265\,256, -0.267\,822)$

第 923 个点：$(-0.235\,352, 0.208\,575)$

其散点图与求出的拐点在同一坐标系中的图形如图 8-4 所示.

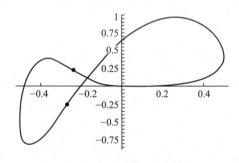

图 8-4

除了以上的例子，我们还用从金属的超声波探伤获得的实际波形散点集数据进行拐点的计算，结果也是非常满意的. 实际计算说明构造的算法是非常成功的，它可以快速确定平面离散点集中的拐点，且具有结构简单、计算误差和计算量都很小的优点，而且可以应用于快速确定平面参数曲线离散点集中的拐点.

至此，我们成功地完成了一种算法的构造.

8.2　层次分析法

人们在进行社会、经济及科学管理领域问题的系统分析中，面临的常常是一个由相互关联、相互制约的众多因素构成的复杂且往往缺少定量数据的系统. 层次分析法为这类问题的决策提供了一种简洁而实用的建模方法.

层次分析法（analytic hierarchy process，AHP）是一种定性和定量相结合的层次化分析方法，由美国运筹学家 T. L. Saaty 教授于 20 世纪 70 年代初期提出. 它较好地把半定性和半定量问题转化为定量问题来处理，特别适用于那些难以完全定量分析的问题. 本节中比较尺度的定义、比较矩阵的构造和一致性检验等都是数学建模中把定性问题变为定量问题的常见方法. 为了方便读者学习，这里通过一个案例引出问题，然后引入介绍层次分析法的构造过程和用层次分析法解决问题的方法.

1. 问题的提出

"五一"假期快到了，张勇决定去旅游. 他想去杭州、黄山和庐山 3 个地点，但由于时间的原因，他只能在这 3 个地点中选一个来作为目的地. 请用数学建模的方式帮他选择这个踏青地.

2. 问题的分析

该问题属于决策问题，即做一件事情有多个选择，怎样才能选择最好的一个. 要在多个选择对象中选择其中一个，人们往往要根据自己的目标和有利于目标实现的多种因素的考量来做出最后选择，这实际上就是人类做出某种决定的思维过程. 不过目标和要考量的因素往往是不能用数量描述的定性概念，如问题中张勇的目标是选择一个旅游地点，而选择旅游地点他要考虑旅游地的景色、费用、居住、饮食和旅途等因素，这些因素显然都是定性的概念. 要用数学建模的方式解决此类问题，就要把它变为数学问题. 因此下面要做的事情是如何把定性的内容变为定量的内容，还要考虑用什么样的结构描述这类决策问题.

3. 层次分析法的递阶层次结构

要使决策问题具有条理化和层次化的结构模型，首先要把复杂问题分解为一些因素，然后把这些因素按其属性及关系形成若干层次，其中上一层次的因素对下一层次有关因素起支配作用. 这些层次可以分为以下三类.

① 目标层. 这一层次中只有一个因素，一般它是决策问题的预定目标或理想结果，处于层次结构的第一层.

② 准则层. 这一层次中包含了为实现目标所涉及的中间环节，它可以由若干个层次组成，包括所需考虑的准则、子准则.

③ 方案层. 这一层次包括为实现目标可供选择的各种措施、决策方案等，因此也称为措施层，处于层次结构的最底层.

递阶层次结构中的层次数不受限制，层次数的大小与问题的复杂程度及需要分析的详尽程度有关. 每一层次中各因素所支配的因素一般不超过 9 个，这是因为支配的因素过多会给两两比较判断带来困难.

本节问题可以表示为 3 层的递阶层次结构. 第一层（选择最佳旅游地）是目标层，第二层（判断旅游地的倾向）是准则层，第三层（旅游地）是方案层，它们之间用线段连接，要依据喜好对三个层次进行比较判断，最终确定最佳地点. 该层次结构可用图 8 - 5 表示.

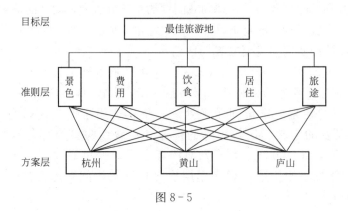

图 8 - 5

4. 构造判断矩阵

层次结构反映了因素之间的关系，但准则层中的各因素在目标衡量中所占的比重并不一定相同.

在确定影响某因素的诸因子在该因素中所占的比重时，遇到的主要困难是这些比重常常不易定量化. 此外，当影响某因素的因子较多时，直接考虑各因子对该因素有多大程度的影响，常常会因考虑不周全、顾此失彼而使决策者提出与他实际认为的重要性程度不相一致的数据，甚至有可能提出一组隐含矛盾的数据. 但通过比较两个因子容易知道它们所影响的因素的大小. 根据这个特点，Saaty 等人提出采取对因子进行两两比较建立成对比较矩阵的办法来描述各因素两两比较后对所影响因素的数据，然后再用代数方法确定影响该因素的诸因子在该因素中所占的比重.

5. 成对比较矩阵的构造方法

假设要比较 n 个因子 $\{C_1, C_2, \cdots, C_n\}$ 对某因素 Z 的影响大小，每次取其中的两个因子 C_i 和 C_j，以 a_{ij} 表示 C_i 和 C_j 对 Z 的影响大小之比，全部比较结果用矩阵 $A = (a_{ij})_{n \times n}$ 表示，称 A 为成对比较矩阵.

容易看出，若 C_i 与 C_j 对 Z 的影响之比为 a_{ij}，则 C_j 与 C_i 对 Z 的影响之比应为 $a_{ji} = \dfrac{1}{a_{ij}}$.

为了确定 a_{ij} 的值，Saaty 等建议引用数字 1～9 及其倒数作为标度，含义如表 8 - 1 所示.

表 8 - 1　含　义

标度 a_{ij}	含　义	标度 a_{ij}	含　义
1	C_i 与 C_j 的影响相同	9	C_i 比 C_j 影响绝对强
3	C_i 比 C_j 影响稍强	2, 4, 6, 8	C_i 与 C_j 的影响之比在上述相邻等级之间
5	C_i 比 C_j 影响强	1, 1/2, $\cdots$, 1/9	C_i 与 C_j 的影响之比为 a_{ij} 的倒数
7	C_i 比 C_j 影响明显强		

从心理学观点来看，分级太多会超越人们的判断能力，既增加了判断的难度，又容易因

此而提供虚假数据. Saaty 等人还用实验方法比较了在各种不同标度下人们判断结果的正确性，实验结果也表明，采用 1～9 标度最为合适.

在本例的准则层对目标进行两两比较，张勇是年轻人，认为费用应占最大的比重，其次是风景，再者是旅途，至于吃住不太重要，为此他得出的比较数据如表 8-2 所示.

表 8-2　比 较 数 据

项目	景色	费用	饮食	居住	旅途
景色	1	1/2	5	5	3
费用	2	1	7	7	5
饮食	1/3	1/7	1	1/2	1/3
居住	1/5	1/7	2	1	1/2
旅途	1/3	1/5	3	2	1

由此可以得到一个成对比较矩阵

$$A=\begin{bmatrix} 1 & 1/2 & 5 & 5 & 3 \\ 2 & 1 & 7 & 7 & 5 \\ 1/3 & 1/7 & 1 & 1/2 & 1/3 \\ 1/5 & 1/7 & 2 & 1 & 1/2 \\ 1/3 & 1/5 & 3 & 2 & 1 \end{bmatrix}$$

成对比较矩阵是一个特殊结构的矩阵. 为了下文叙述方便，引入如下概念.

定义 8-3　若矩阵 $A=(a_{ij})_{n\times n}$ 满足①$a_{ij}>0$，②$a_{ji}=\dfrac{1}{a_{ij}}$(i，$j=1$，2，$\cdots$，n)，则称之为正互反矩阵.

因为成对比较矩阵 $(a_{ij})_{n\times n}$ 是通过选择 n 个因子 $\{C_1$，C_2，$\cdots$，$C_n\}$ 的任意两个对因素 Z 的影响之比来构造的，假设因子 C_j($j=1$，2，$\cdots$，n)对 Z 的权重为 w_j($j=1$，2，$\cdots$，n)，用一个式子表示，就是

$$Z=w_1C_1+w_2C_2+\cdots+w_nC_n,\quad w_i>0,\ \sum_{i=1}^{n}w_i=1$$

如果成对比较矩阵 $A=(a_{ij})_{n\times n}$ 构造准确，应该有 $a_{ij}=\dfrac{w_i}{w_j}$(i，$j=1$，2，$\cdots$，n)和 A 的元素满足一致性条件 $a_{ij}a_{jk}=a_{ik}$(i，j，$k=1$，2，$\cdots$，n). 写出此时 A 的形式

$$A=\begin{bmatrix} \dfrac{w_1}{w_1} & \dfrac{w_1}{w_2} & \cdots & \dfrac{w_1}{w_n} \\ \dfrac{w_2}{w_1} & \dfrac{w_2}{w_2} & \cdots & \dfrac{w_2}{w_n} \\ \vdots & \vdots & & \vdots \\ \dfrac{w_n}{w_1} & \dfrac{w_n}{w_2} & \cdots & \dfrac{w_n}{w_n} \end{bmatrix} \quad 并记权向量 w=\begin{bmatrix} w_1 \\ w_2 \\ \vdots \\ w_n \end{bmatrix}$$

借助矩阵运算，有矩阵关系

$$Aw = nw$$

这说明权向量 w 可以通过求矩阵 A 的特征值 n 对应的特征向量得到. 注意到权向量要求每个分量为正, 且所有分量之和为 1, 故确定权的问题可以通过求成对比较矩阵 A 的特征值 n 对应的分量均为正且归一化的特征向量得到. 这里归一化指分量之和为 1.

上面论述中, 常称满足一致性条件 $a_{ij}a_{jk} = a_{ik}(i, j, k = 1, 2, \cdots, n)$ 的正互反矩阵为一致矩阵.

6. 一致性检验处理

成对比较矩阵虽然能较客观地反映一对因子影响上级因素的差别, 但在构造过程中难免会出现一定程度的非一致性, 导致所构造的成对比较矩阵不是一致矩阵, 这样会使求出的权向量不能反映各因子对上级因素的真实权值. 此时应该怎样借助成对比较矩阵来确定权向量呢?

考虑到层次分析法主要是通过权重的大小排序来进行决策的, 因此各因子真实权重并不是必须要准确, 只要能保证排序正确即可. 根据这个规律, 可以尝试构造一个能达到权值排序目的的方法. 通过对成对比较矩阵的研究发现如下结论:

定理 8-2　n 阶正互反矩阵 A 为一致矩阵当且仅当其最大特征值 $\lambda_{max} = n$, 且当正互反矩阵 A 非一致时, 必有 $\lambda_{max} > n$.

定理 8-2 说明一致矩阵的最大特征值 $\lambda_{max} = n$. 根据这个结论, 就可以由 λ_{max} 是否等于 n 来检验矩阵 A 是否为一致矩阵. 由于特征根连续地依赖于矩阵元素 a_{ij}, 故 λ_{max} 若比 n 大, 则可以认为 A 的非一致性程度不好, λ_{max} 对应的归一化特征向量可能不会真实地反映权在对因素 Z 的影响中所占的比重, 但若 λ_{max} 与 n 相差不大, 可以认为 A 的非一致性程度不严重, 此时 λ_{max} 对应的归一化特征向量有可能真实地反映了权对因素 Z 的影响. 因此, 对决策者提供的成对比较矩阵有必要引进一个指标来对其做一次一致性检验, 以决定该成对比较矩阵的比较判断是否能被接受.

因为进行一致性检验的指标没有标准的要求, Saaty 采用使最大特征值 λ_{max} 与一致矩阵的最大特征值 n 之差尽量小的计算公式来作为一个标准. 要做到相差尽量小, $\lambda_{max} - n$ 是一个选择, 注意到 $\lambda_{max} - n$ 也是 A 的另外 $n-1$ 个特征值之和, 将此 $n-1$ 个特征值之和取平均就给出了一个一致性指标 (记为 CI) 的计算公式

$$CI = \frac{\lambda_{max} - n}{n-1}$$

注意到上述一致性指标 CI 是一个绝对量, 不易说明取值多小才算是很小. 为了确定 A 的不一致程度的容许范围, 还要找出衡量一致性指标的标准, 要引入一个相对量来描述 "很小" 的取值. 为此, Saaty 借助随机实验引入了随机一致性指标 (RI), 它描述了一致性指标 (CI) 的平均值.

随机一致性指标 (RI) 的得出: 对每个固定的 n, 随机地构造 100 至 500 个正互反矩阵 A (借助随机数命令在 1 至 9 和 1/2, 1/3, $\cdots$, 1/9 的数集中取数, 只取下三角部分, 上三角部分用对应的倒数填写, 对角线都取 1), 然后计算每一个矩阵的一致性指标 (CI), 再取平均, 由此得到随机一致性指标 (RI) 的值, 如表 8-3 所示.

表 8 - 3　随机一致性指标的值

n	1	2	3	4	5	6	7	8	9	10
RI	0	0	0.58	0.90	1.12	1.24	1.32	1.41	1.45	149

随机一致性指标（RI）给出了统计意义下阶数为 n 的正互反矩阵的平均一致性指标的取值，将其除以所考察的正互反矩阵的一致性指标（CI），得到一个称为一致性比例（CR）的相对值，它的计算公式为

$$CR = \frac{CI}{RI}$$

通常 0.1 常被用作临界值. 若规定 CR 的临界值是 0.1，即 CR＜0.10 作为成对比较矩阵的一致性是可以接受的标准，它暗示了该成对比较矩阵的一致性指标（CI）比其平均值的 10% 还小，可以认为是一个很小的数了. 如果没有通过一致性检验，应该对比较矩阵做适当修正以使其通过一致性检验.

7. 组合权向量的计算

上文的做法得到的是一组元素对其上一层中某元素的权重向量. 如果该组元素还有下一层的一组元素与其相连，则有下层的元素通过该层建立了与上层元素的权重集合，这种权重集合称为组合权向量. 要用层次分析法解决决策问题，最终要得到各元素，特别是最底层各方案对于目标的排序权重，从而进行方案选择. 总排序权重是自上而下地将单准则下的权重进行合成. 下面给出组合权向量的公式.

设目标层只有一个因素 O，第二层包含 n 个因素 $\boldsymbol{B} = (B_1, B_2, \cdots, B_n)$，它们关于 O 的权重分别为 $w^{(2)} = (w_1, w_2, \cdots, w_n)^T$；第三层包含 m 个因素 $\boldsymbol{C} = (C_1, C_2, \cdots, C_m)$，第三层对第二层的每个因素 B_j 的权重为 $w_j^{(3)} = (w_{1j}, \cdots, w_{mj})^T$ $(j=1, 2, \cdots, n)$，当 C_i 与 B_j 无关联时，$w_{ij} = 0$. 把如上关系表示为数学形式，有

$$\boldsymbol{O} = w_1 B_1 + w_2 B_2 + \cdots + w_n B_n = \boldsymbol{B} w^{(2)} \tag{8-2}$$

$$B_j = w_{1j} C_1 + w_{2j} C_2 + \cdots + w_{mj} C_n = \boldsymbol{C} w_j^{(3)}, \quad j=1, 2, \cdots, n$$

记

$$\boldsymbol{W}^{(3)} = (\boldsymbol{w}_1^{(3)}, \boldsymbol{w}_2^{(3)}, \cdots, \boldsymbol{w}_n^{(3)}) = \begin{bmatrix} w_{11} & w_{12} & \cdots & w_{1n} \\ w_{21} & w_{22} & \cdots & w_{2n} \\ \vdots & \vdots & & \vdots \\ w_{m1} & w_{m2} & \cdots & w_{mn} \end{bmatrix}$$

有

$$\boldsymbol{B} = (B_1, B_2, \cdots, B_n) = (\boldsymbol{C} \boldsymbol{w}_1^{(3)}, \boldsymbol{C} \boldsymbol{w}_2^{(3)}, \cdots, \boldsymbol{C} \boldsymbol{w}_n^{(3)})$$

$$= \boldsymbol{C}(\boldsymbol{w}_1^{(3)}, \boldsymbol{w}_2^{(3)}, \cdots, \boldsymbol{w}_n^{(3)}) = \boldsymbol{C} \boldsymbol{W}^{(3)}$$

代入到式(8-2)中有

$$\boldsymbol{O} = \boldsymbol{B} w^{(2)} = \boldsymbol{C} \boldsymbol{W}^{(3)} w^{(2)} = (C_1, C_2, \cdots, C_m)(\boldsymbol{W}^{(3)} w^{(2)})$$

上式说明第三层对第一层的组合权向量为

$$w^{(3)} = W^{(3)} w^{(2)}$$

类似地讨论易知，层次结构中的第 k 层对第一层的组合权向量为

$$w^{(k)} = W^{(k)} w^{(k-1)}, \quad k = 2, 3, \cdots$$

其中，$w^{(k)}$ 是第 k 层对第一层的组合权向量，$W^{(k)}$ 是第 k 层对第 $k-1$ 层各元素的权向量组成的权矩阵，该矩阵的第 j 列就是第 k 层对第 $k-1$ 层的第 j 个元素的权向量.

根据这个结果，如果层次结构有 p 层，则最底层对第一层的组合权向量为

$$w^{(p)} = W^{(p)} W^{(p-1)} \cdots W^{(3)} w^{(2)}$$

计算出 $w^{(p)}$ 的值，根据权值的大小，就可以帮助决策者在最底层的方案中做出选择.

8. 组合一致性检验处理

一致性检验的目的是确定求出的权是否能对相应因素进行正确排序. 组合权重是经过至少 2 次以上的复合运算得到的跨层权重，由于各层次在一致性检验时会出现误差积累，如果误差积累较严重，会导致最终结果出现错误，因此组合权重也需要一致性检验，这种检验就是组合一致性检验.

为了使组合一致性检验公式达到较好的匹配效果，下面参考层次分析法的做法给出相应的计算公式. 具体方法为：层次分析法是从高层到低层逐次计算权向量的，因此进行组合一致性检验也按由高层到低层的顺序进行；层次分析法每层对上一层的权只与相应的成对比较矩阵有关，而与其他成对比较矩阵无关，因此可以把组合一致性检验分解到各层考虑；层次分析法的组合权向量具有递推计算的特点，构造的组合一致性检验公式也采用递推公式.

注意到从第三层开始，每一层都产生多个成对比较矩阵，因此该层有多个一致性指标，这些指标决定着该层一致性检验的结果. 为了把这些一致性指标作为一个整体来构造该层的一个一致性指标，这里采用加权这些一致性指标来完成此工作. 具体做法如下.

设第 k 层有 n 个成对比较矩阵，其对应的 n 个一致性指标为 $\mathrm{CI}_j^{(k)}$（$j=1, 2, \cdots, n$），随机一致性指标为 $\mathrm{RI}_j^{(k)}$（$j=1, 2, \cdots, n$），定义第 k 层的一致性指标（$\mathrm{CI}^{(k)}$）和随机一致性指标（$\mathrm{RI}^{(k)}$）为

$$\mathrm{CI}^{(k)} = (\mathrm{CI}_1^{(k)}, \mathrm{CI}_2^{(k)}, \cdots, \mathrm{CI}_n^{(k)}) w^{(k-1)}$$

$$\mathrm{RI}^{(k)} = (\mathrm{RI}_1^{(k)}, \mathrm{RI}_2^{(k)}, \cdots, \mathrm{RI}_n^{(k)}) w^{(k-1)}$$

其中，$w^{(k-1)}$ 是第 $k-1$ 层对第一层的组合权向量. 用 $\mathrm{CI}^{(k)}$ 除以 $\mathrm{RI}^{(k)}$ 就得到第 k 层的一致性比率.

注意到，误差是逐层从上到下累加的，故可以定义第 k 层对第 1 层组合一致性比率（$\mathrm{CR}^{(k)}$）为第 $k-1$ 层对第 1 层组合一致性比率（$\mathrm{CR}^{(k-1)}$）加上第 k 层的一致性比率，由此得到第 k 层对第 1 层的组合一致性比率的计算公式为

$$\mathrm{CR}^{(k)} = \mathrm{CR}^{(k-1)} + \frac{\mathrm{CI}^{(k)}}{\mathrm{RI}^{(k)}}, \quad k = 3, 4, \cdots$$

因为层次分析法的结构图中规定第 1 层只有 1 个因素，故 $\mathrm{CR}^{(2)}$ 直接用最初的一致性比率计算可以得出. 假设层次结构有 p 层，规定若

$$\mathrm{CR}^{(p)} < 0.1$$

就认为整个层次的比较判断通过一致性检验. 当然，当层次数较多时，上面的临界值 0.1 可

以放宽.

9. 层次分析法的基本步骤

根据以上讨论, 可得用层次分析法解决决策问题的基本步骤如下.

(1) 建立层次结构模型, 其中最高层为单个目标层, 最底层是要决策的方案;

(2) 从第 2 层开始, 按由上到下的顺序做:

① 对每 1 层构造出各层次中的所有成对比较矩阵;

② 计算每一个成对比较矩阵的最大特征值和特征向量, 计算 $CI = \dfrac{\lambda_{\max} - n}{n-1}$ 和 $CR = \dfrac{CI}{RI}$, 判别 $CR < 0.1$ 是否成立. 若成立, 一致性检验通过, 将特征向量归一化得到权重; 否则, 重新构造该成对比较矩阵;

③ 按公式 $w^{(k)} = W^{(k)} w^{(k-1)}$ $(k = 2, 3, \cdots)$ 计算组合权重;

④ 按公式

$$CI^{(k)} = (CI_1^{(k)}, CI_2^{(k)}, \cdots, CI_n^{(k)}) w^{(k-1)}, \quad RI^{(k)} = (RI_1^{(k)}, RI_2^{(k)}, \cdots, RI_n^{(k)}) w^{(k-1)}$$

$$CR^{(k)} = CR^{(k-1)} + \frac{CI^{(k)}}{RI^{(k)}} \quad (k = 3, 4, \cdots)$$

计算组合一致性比率;

⑤ 按公式 $CR^{(p)} < 0.1$ 进行组合一致性检验. 若通过, 则根据组合权向量的分量做出决策; 重新考虑模型结构或重新构造那些一致性比率较大的成对比较矩阵.

下面用层次分析法来求解本节选择旅游地的问题.

前面已经建立了一个三层的层次结构模型, 并建立了第 2 层的一个成对比较矩阵 A, 用数学软件求出矩阵 A 的最大特征值为 $\lambda_{\max} = 5.253\,34$ 和对应的特征向量为

$$X = (0.496\,306, 0.829\,804, 0.096\,847\,4, 0.120\,603, 0.202\,934)^{\mathrm{T}}$$

下面对 A 作一致性检验.

这里矩阵 A 的大小是 $n = 5$, 由公式 $CI = \dfrac{\lambda_{\max} - n}{n-1}$, 得 $CI = 0.063\,335$. 此外查阅 $n = 5$ 的随机一致性指标得 $RI = 1.12$, 由计算一致性比率的公式 $CR = \dfrac{CI}{RI}$, 得一致性比率

$$CR = CR^{(2)} = 0.056\,549 < 0.1$$

所以 A 通过一致性检验. 因为特征向量 X 不是归一化的 (即所有分量之和不为 1), 用该向量的所有分量之和去除每个分量就得到如下归一化的特征向量

$$w^{(2)} = (0.284, 0.475, 0.055, 0.069, 0.116)^{\mathrm{T}}$$

至此, 完成了第 2 层的一致性检验.

同理, 用同样的方法, 给出第 3 层对第 2 层的成对比较矩阵, 进行一致性检验, 并求出最大特征值所对应的归一化的特征向量:

$$(景色)\ B_1 = \begin{bmatrix} 1 & 2 & 5 \\ 1/2 & 1 & 2 \\ 1/5 & 1/2 & 1 \end{bmatrix}, \quad CI_1^{(3)} = 0.003, \quad w_1^{(3)} = \begin{bmatrix} 0.595 \\ 0.227 \\ 0.129 \end{bmatrix}$$

$$（费用）\boldsymbol{B}_2=\begin{bmatrix}1&1/3&1/8\\3&1&1/3\\8&3&1\end{bmatrix},\quad \mathrm{CI}_2^{(3)}=0.001,\quad \boldsymbol{w}_2^{(3)}=\begin{bmatrix}0.082\\0.236\\0.682\end{bmatrix}$$

$$（饮食）\boldsymbol{B}_3=\begin{bmatrix}1&1&3\\1&1&3\\1/3&1/3&1\end{bmatrix},\quad \mathrm{CI}_3^{(3)}=0,\quad \boldsymbol{w}_3^{(3)}=\begin{bmatrix}0.429\\0.429\\0.142\end{bmatrix}$$

$$（居住）\boldsymbol{B}_4=\begin{bmatrix}1&3&4\\1/3&1&1\\1/4&1&1\end{bmatrix},\quad \mathrm{CI}_4^{(3)}=0.005,\quad \boldsymbol{w}_4^{(3)}=\begin{bmatrix}0.633\\0.193\\0.175\end{bmatrix}$$

$$（旅途）\boldsymbol{B}_5=\begin{bmatrix}1&1&1/4\\1&1&1/4\\4&4&1\end{bmatrix},\quad \mathrm{CI}_5^{(3)}=0,\quad \boldsymbol{w}_5^{(3)}=\begin{bmatrix}0.166\\0.166\\0.668\end{bmatrix}$$

第 3 层的权矩阵为

$$\boldsymbol{W}^{(3)}=(\boldsymbol{w}_1^{(3)},\boldsymbol{w}_2^{(3)},\cdots,\boldsymbol{w}_5^{(3)})=\begin{bmatrix}0.595&0.082&0.429&0.633&0.166\\0.277&0.236&0.429&0.193&0.166\\0.129&0.682&0.142&0.175&0.668\end{bmatrix}$$

得第 3 层对第 1 层的组合权向量为

$$\boldsymbol{w}^{(3)}=\boldsymbol{W}^{(3)}\boldsymbol{w}^{(2)}=\begin{bmatrix}0.595&0.082&0.429&0.633&0.166\\0.277&0.236&0.429&0.193&0.166\\0.129&0.682&0.142&0.175&0.668\end{bmatrix}\begin{bmatrix}0.282\\0.475\\0.055\\0.069\\0.116\end{bmatrix}=\begin{bmatrix}0.294\\0.247\\0.458\end{bmatrix}$$

下面进行组合一致性检验.

第 3 层有 5 个成对比较矩阵，其对应的 5 个一致性指标为 $\mathrm{CI}_j^{(3)}(j=1,2,\cdots,5)$，随机一致性指标为 $\mathrm{RI}_j^{(3)}=0.58(j=1,2,\cdots,5)$，算出第 3 层的一致性指标和随机一致性指标为

$$\mathrm{CI}^{(3)}=(\mathrm{CI}_1^{(3)},\mathrm{CI}_2^{(3)},\cdots,\mathrm{CI}_5^{(3)})\boldsymbol{w}^{(2)}=0.017$$
$$\mathrm{RI}^{(3)}=(\mathrm{RI}_1^{(3)},\mathrm{RI}_2^{(3)},\cdots,\mathrm{RI}_5^{(3)})\boldsymbol{w}^{(2)}=0.579$$

得到第 3 层对第 1 层的组合一致性比率为

$$\mathrm{CR}^{(3)}=\mathrm{CR}^{(2)}+\frac{\mathrm{CI}^{(3)}}{\mathrm{RI}^{(3)}}=0.056\,549+\frac{0.017}{0.579}=0.059\,4<0.1$$

通过组合一致性检验

结果分析：通过组合权向量 $\boldsymbol{w}^{(3)}$ 可知：方案 3（庐山）在旅游地选择中所占权重为

0.458，明显大于方案 1（苏杭，权重为 0.247）、方案 2（黄山，权重为 0.247），故在设定标准下，他应该去庐山.

💻 习题与思考

1. 平面曲线离散点集拐点的快速查找算法的建立对你有什么启发？
2. 什么样的问题可以用层次分析法求解？
3. 学校评选优秀学生，试给出若干准则构造层次结构模型.
4. 大学生就业早已成为社会热点问题，对大学毕业生而言，工作的选择十分重要，试建立一个大学生就业决策的解决方案.
5. (2011 全国大学生电工数学建模竞赛 B 题) 拔河比赛始于我国春秋时期，是一项具有广泛群众基础且深受人们喜爱的多人体育运动. 拔河可以锻炼参加者的臂力、腿力、腰力和耐力，并且能够培养团队合作精神. 此外，一场拔河比赛最多持续几分钟或几十分钟，并不需要太多的体力，且比赛现场气氛热烈.

拔河比赛有多种比赛分级方法. 常见的分级是以参赛双方每方 8 人的总体重来分级，从 320 kg 到 720 kg，每隔 40 kg 一级. 拔河比赛的绳子中间有一个标记，在比赛中，若参赛的某一方将绳子标记拉过自己一侧 4 m 则该方获胜. 请完成如下工作：

(1) 在某种分级比赛中，如果某方想在拔河比赛中发挥该队最大能量，他应该怎样安排他的队员位置？请建立一个数学模型说明你的结果.

(2) 比赛获胜规定为拉过绳子标记 4 m，请建立一个数学模型说明该规定是否科学.

(3) 当前我国在校学生的体质普遍不强，有人提出想用经常进行的拔河比赛来吸引更多的学生参加运动，以提高学生的身体素质. 请设计一个既能保证在校大部分学生都能参加，又能体现比赛竞争性的拔河比赛规则，该规则要有定量说明.

(4) 向全国大学生体育运动组委会写一个将你设计的拔河比赛列入全国大学生正式比赛项目的提案.

第 9 章　实际问题变为数学问题的方法

从数学建模的过程可以看到，将实际问题转化为数学问题在数学建模中占有重要的地位，它是用数学知识解决实际问题的关键，也是读者完成数学建模任务的最重要一环．要完成这部分工作，研究者要做的事情是要把实际问题进行合理的简化（做假设），并引进一些变量，然后利用问题的特点建立这些变量之间的关系．由于数学建模问题几乎贯穿当前社会上所有需要进行决策或解释的实际问题，因此要想列举总结出所有"将实际问题转化为数学问题的方法"是不可能的，而且也没有必要，因为将实际问题转化为数学问题的方法不是教条的，而是灵活运用的．

观察第 6 章的内容会发现，如果研究的问题涉及所关心事物的变化率或增量的特征，就可以转化为用微分方程表示的数学问题，读者在其转化过程中所要做的工作就是分清哪些概念是变化率对应的内容，并针对出现的变化率进行对应的数学描述即可．为了帮助读者学好这方面的内容，本章将对用代数方法、数列方法和类比方法把相应实际问题变为数学问题的做法给予总结，特别是在类比方法中详细分析了当前很流行的遗传算法构造中把实际问题转化为数学问题的过程，让读者通过案例的学习了解把实际问题变为数学问题的一般做法，并举一反三地去解决实际问题．

9.1　代　数　方　法

代数方法是把实际问题变为数学问题的最基本方法．用代数方法处理的实际问题一般不必对所研究问题做简化和假设，其数学结构可以由变量之间的关系直接写出．

9.1.1　加工奶制品的生产计划问题

一奶制品加工厂用牛奶生产 A_1，A_2 两种奶制品，1 桶牛奶可以在设备甲上用 12 h 加工成 3 kg A_1，或者在设备乙上用 8 h 加工成 4 kg A_2．根据市场需求，生产的 A_1，A_2 全部能售出，且每公斤 A_1 获利 24 元，每公斤 A_2 获利 16 元．现在加工厂每天能得到 50 桶牛奶的供应，每天正式工人总的劳动时间为 480 h，并且设备甲每天至多能加工 100 kg A_1，设备乙的加工能力没有限制．试为该厂制订一个生产计划，使每天获利最大．

1. 问题的分析

这个问题的目标是使每天的获利最大，要作的决策是生产计划，即每天用多少桶牛奶生产 A_1，用多少桶牛奶生产 A_2．决策受到 3 个条件的限制：原料（牛奶）供应、劳动时间、设备甲的加工能力．按照题目所给，将决策变量、目标函数和约束条件用数学符号及式子表示出来，就可以把该问题变为数学问题了．

2. 转化方法

假设每天用 x_1 桶牛奶生产 A_1，用 x_2 桶牛奶生产 A_2，且每天获利为 z 元，则有 x_1 桶牛

奶可生产 $3x_1$ kg A_1，获利 $24 \times 3x_1$；x_2 桶牛奶可生产 $4x_2$ kg A_2，获利 $16 \times 4x_2$，故目标函数为

$$z = 72x_1 + 64x_2$$

此外，观察本题，发现其有以下 3 个约束条件.

原料供应约束：生产 A_1，A_2 的原料总量不得超过每天的供应，即 $x_1 + x_2 \leqslant 50$.

劳动时间约束：生产总加工时间不得超过每天正式工人总的劳动时间，即 $12x_1 + 8x_2 \leqslant 480$.

设备能力约束：A_1 的产量不得超过设备甲每天的加工能力，即 $3x_1 \leqslant 100$.

非负约束：x_1，x_2 均不能为负值，即 $x_1 \geqslant 0$，$x_2 \geqslant 0$.

综上，可得该问题的数学模型为

$$\max z = 72x_1 + 64x_2$$
$$x_1 + x_2 \leqslant 50$$
$$12x_1 + 8x_2 \leqslant 480$$
$$3x_1 \leqslant 100$$
$$x_1, \ x_2 \geqslant 0$$

至此，我们将加工奶制品的生产计划问题变为了数学问题.

学习过线性规划课程的读者会发现，这里所得数学模型就是典型的线性规划模型，其有成熟的求解方法.

9.1.2　市场分析问题

我国某市场有三种同类型的啤酒产品参与竞争. 为了解竞争情况，调查人员按月评估三种啤酒的销售情况. 调查开始时，3 种啤酒的消费者百分比分别为：0.2，0.3，0.5. 市场调研发现如下消费规律. 第一种啤酒的消费人群每月发生消费习惯变化情况为：80% 还保持消费第一种啤酒，10% 转向消费第二种啤酒，10% 转向消费第三种啤酒；第二种啤酒的消费人群每月发生消费习惯变化情况为：70% 还保持消费第二种啤酒，20% 转向消费第一种啤酒，10% 转向消费第三种啤酒；第三种啤酒的消费人群每月发生消费习惯变化情况为：60% 还保持消费第三种啤酒，10% 转向消费第一种啤酒，30% 转向消费第二种啤酒.

（1）请建立一个描述每月三种啤酒消费人群分布的数学模型.

（2）讨论在如上规律持续不变的情况下，该市场随时间会出现怎样的啤酒消费格局？是否最终会有三种啤酒消费人群趋于稳定不变的情况发生？

1. 问题的分析

这个问题是消费者选择 3 种啤酒中的哪一种消费的问题，而且消费者每月消费某种啤酒的习惯还会发生变化. 因此在设计变量时要考虑该变量既与月份有关又与消费哪种啤酒有关. 注意到月份和啤酒种类都是取整数值的，故可以选择二维下标变量来把该问题变为数学问题.

2. 转化方法

设 $\boldsymbol{x}_j = (x_{1j}, x_{2j}, x_{3j})^{\mathrm{T}} (j = 0, 1, 2, \cdots)$ 表示调查开始第 j 个月 3 种啤酒的消费者分布. 显然，由题意有 $\boldsymbol{x}_0 = (x_{10}, x_{20}, x_{30})^{\mathrm{T}} = (0.2, 0.3, 0.5)^{\mathrm{T}}$；$a_{ik}$ 表示原来消费第 k 种

啤酒的人群下月消费第 i 种啤酒的百分比.

由题意有如下描述每月三种啤酒消费人群分布的数学模型:

$$x_{1j}=a_{11}x_{1,j-1}+a_{12}x_{2,j-1}+a_{13}x_{3,j-1}$$
$$x_{2j}=a_{21}x_{1,j-1}+a_{22}x_{2,j-1}+a_{23}x_{3,j-1}, \quad j=1,2,\cdots$$
$$x_{3j}=a_{31}x_{1,j-1}+a_{32}x_{2,j-1}+a_{33}x_{3,j-1}$$

至此,我们将问题变为了数学问题.

该问题可以用矩阵表示为

$$\boldsymbol{x}_j=\boldsymbol{A}\boldsymbol{x}_{j-1}=\cdots=\boldsymbol{A}^j\boldsymbol{x}_0, \quad j=1,2,\cdots \tag{9-1}$$

这里

$$\forall i,j,0\leqslant a_{ij}\leqslant 1, \sum_{i=1}^{3}x_{ij}=1, \quad \boldsymbol{A}=\begin{bmatrix} a_{11} & a_{12} & a_{13} \\ a_{21} & a_{22} & a_{23} \\ a_{31} & a_{32} & a_{33} \end{bmatrix}, \quad \boldsymbol{x}_j=\begin{bmatrix} x_{1j} \\ x_{2j} \\ x_{3j} \end{bmatrix}$$

由已知有

$$\boldsymbol{A}=\begin{bmatrix} 0.8 & 0.2 & 0.1 \\ 0.1 & 0.1 & 0.3 \\ 0.1 & 0.1 & 0.6 \end{bmatrix}, \quad \boldsymbol{x}_0=\begin{bmatrix} 0.2 \\ 0.3 \\ 0.5 \end{bmatrix}$$

直接计算有

$$\boldsymbol{x}_1=\begin{bmatrix} 0.27 \\ 0.38 \\ 0.35 \end{bmatrix}, \cdots, \boldsymbol{x}_8=\begin{bmatrix} 0.442 \\ 0.357 \\ 0.201 \end{bmatrix}, \cdots, \boldsymbol{x}_{16}=\begin{bmatrix} 0.450 \\ 0.350 \\ 0.250 \end{bmatrix}=\boldsymbol{x}_{17}=\boldsymbol{x}^*$$

利用式(9-1)有

$$\boldsymbol{x}_{17}=\boldsymbol{A}\boldsymbol{x}_{16}\Rightarrow \boldsymbol{x}^*=\boldsymbol{A}\boldsymbol{x}^*$$

由此得 $\boldsymbol{x}_k=\boldsymbol{x}^*, k\geqslant 16$. 这说明,在如上规律持续不变的情况下,从第 16 个月以后该市场随时间变化出现啤酒消费格局不变的情况,此时第一、二、三种啤酒消费人群比例分别为 0.45,0.35,0.25. 这说明最终将会有三种啤酒消费人群趋于稳定不变的情况发生.

此外,解决第二个问题,也可以直接从本题所得的数学模型入手. 此时假设市场最终是趋于平稳的,看是否存在产品的最终分配解.

设 $\boldsymbol{x}_\infty$ 为终极分配解,则有

$$\boldsymbol{A}\boldsymbol{x}_\infty=\boldsymbol{x}_\infty, \quad \sum_{k=1}^{3}\boldsymbol{x}_{k\infty}=1, \quad x_{k\infty}\geqslant 0 \tag{9-2}$$

求解该线性方程组,有解

$$\boldsymbol{x}_\infty=(0.45, \quad 0.35, \quad 0.25)^{\mathrm{T}}$$

该结果同样回答了问题(2).

9.1.3　过河问题

3 名商人都随身带有宝物并各带 1 名随从乘船渡河. 渡河的船是只能容纳 2 人的小船,

且渡船只能由他们自己划行. 这些随从心怀鬼胎做出密约：在河的两岸，一旦随从人数比商人多，就杀商人抢财宝. 不过此密约被商人得知. 好在如何乘船渡河的大权掌握在商人们手中，问商人们怎样安排每次乘船方案，才能安全渡河呢？

1. 问题的分析

本题中，由于渡船一次只能容纳两人，故 3 名商人不可能一起乘船一次全都过河，只能分批过河. 此外，由于会发生在河岸商人数少于随从数时随从杀商人夺宝的情况，为避免此情况发生，有些商人或随从要多次在两岸反复过河. 本题的关键是用数学方法描述渡河过程中两岸的商人和随从的人数变化规律.

注意到，商人和随从是两个不相关的类别，且他们在任意时刻都是相伴出现的，如果关注在某时刻河岸商人和随从的人数情况，它表示商人和随从的一个状态，而状态概念在数学上可以用向量描述，本题中某时刻河岸商人和随从的人数可以用二维向量描述.

此外，河岸商人和随从人数的变化与渡船上商人和随从的人数有直接关系，如果称商人们要离开的河岸为此岸，则商人安排一次离开此岸的渡河方案时，则此岸商人和随从的人数变化为减少的渡船上的商人和随从，而接着再安排一次回来的渡河方案，则渡船商人和随从上岸后，此岸商人和随从的人数变化为加上渡船上的商人和随从人数，这时此岸的商人和随从的人数变化正好可以用向量的加减法完成.

再者，商人每次安排渡船方案，就是作一个决策，但这个决策不是随便安排的，它要保证河岸不会出现商人比随从少的情况. 若称不会出现随从杀人夺宝情况的决策为允许决策，称不会出现随从杀人夺宝情况此岸商人和随从的状态为允许状态，则本问题就是在所有允许决策中找一系列决策使此岸所有人全都过河.

2. 转化方法

设第 k 次渡河前此岸的商人为 x_k，随从数为 y_k（$k=1, 2, \cdots$），$x_k, y_k = 0, 1, 2, 3$，$S_k = (x_k, y_k)$ 为此岸的状态. 安全渡河条件下的状态集合称为允许状态集合，记为 S，则

$$S = \{(x, y) \mid x = 0 \text{ 或 } 3, y = 0, 1, 2, 3; x = y = 1, 2\}$$

又设第 k 次渡船上的商人数为 u_k，随从数为 v_k，$d_k = (u_k, v_k)$ 为渡船决策，则允许决策集合为

$$D = \{(u, v) \mid u + v = 1, 2\}$$

因为 k 为奇数时渡船从此岸驶出，k 为偶数时渡船驶回此岸，所以状态 S_k 随着决策 d_k 变化的规律可以用如下称为状态转移律的公式给出

$$S_{k+1} = S_k + (-1)^k d_k, \quad k = 1, 2, \cdots$$

从上面的分析可知，制订安全渡河方案归结为如下的多步决策问题：

求决策序列 $d_k \in D$，$k = 1, 2, \cdots, n$，使状态 $S_k \in S$，按照转移律公式 $S_{k+1} = S_k + (-1)^k d_k$，有初始状态 $S_1 = (3, 3)$ 经过 n 次渡河变为 $S_{n+1} = (0, 0)$.

至此，本问题变为了数学问题，其求的结果是经过 11 次渡河就能达到安全渡河的目标，具体渡河的此岸状态变化为

3 名商人 3 名随从—3 名商人 1 名随从—3 名商人 2 名随从—3 名商人—3 名商人 1 名随从—1 名商人 1 名随从—2 名商人 2 名随从—2 名随从—3 名随从—1 名随从—2 名随从—渡河成功

9.2　数列方法

数列是定义在整数域上的函数，为研究方便，人们用 $a_n = f(n)(n = 0, 1, 2, \cdots)$ 表示. 对数列而言，人们更关注的是数列的变化趋势，特别是当 n 趋于无穷大时，数列的极限是什么. 在实际中有很多只考虑各个阶段变化情况的问题都可以归为数列问题，此时其第 n 个阶段正好对应数列的第 n 项，注意到这样的问题从阶段 n 变到阶段 $n+1$ 的一个周期内对应的数列值是不变的，利用这个特点就可以比较方便地考虑一个周期内的情况.

案例　污水处理问题

某城市的一个污水处理厂每小时可以去掉污水池中剩余污物的 15%，问一天后污水池中还剩多少污物？要多长时间才能把池中的污物减少为原来的 10%？

解　由于是关心若干个小时后污水池中剩余污物的情况，而且污水厂处理污物的效率是按小时计的，因此可以用数列描述在随后的若干小时污水池污物量. 引入数学符号如下.

设 $a_n(n = 0, 1, 2, \cdots)$ 表示在处理开始的 n 小时后污水池中的污物量，考虑在第 n 小时到第 $n+1$ 小时的时间里，污水池中污物的变化情况，由题意有

$$\Delta a_n = a_{n+1} - a_n = -15\% a_n$$

式中的负号表示污物量的减少，于是有数学模型

$$a_n = (1-15\%)a_{n-1} = 0.85a_{n-1} = 0.85^n a_0, \quad n = 0, 1, \cdots$$

至此已经把本问题化为数学问题.

因为 1 天 $=24$ h，由如上模型有 1 天后污水池中还剩污物为

$$a_{24} = 0.85^{24} a_0 \approx 0.020\,2 a_0$$

注意到 a_0 为初始时刻污水池的污物量，上面结果说明一天后可以去掉污水池约 98% 的污物. 要把池中的污物减少为原来的 10%，则有

$$a_n = 0.85^n a_0 = 10\% a_0 \Rightarrow 0.85^n = 0.1$$

得 $n = \ln 0.1 / \ln 0.85 = 14.168\,1$，说明用 14 h 多一点时间就能使池中的污物减少为原来的 10%.

9.3　类比方法

一些实际问题没有明显的数学结构，必须对原问题进行合适的简化和大胆联想才能转化为数学问题. 这种方法没有一定的模式，要放开思路.

9.3.1　生物进化问题

一个物种能在自然界中没有灭绝或存在较长时间，按照强者生存的观点，该种生物应该具有一代更比一代强的特点. 为了找到一种求最优值的优化算法，人们从自然界生物进化（物竞天择、适者生存）的过程得到启发，发现了其中的优化内容，然后利用数学建模方法发明了遗传算法（genetic algorithm，GA）.

遗传算法是模拟生物在自然环境下的遗传和进化过程而形成的一种自适应全局优化概率

搜索方法. 它借助生物遗传学的观点，通过自然选择、遗传、变异等作用机制，实现种群进化的寻优. 该算法是美国密歇根大学的 Holland 教授在 1962 年首次提出的，经过多年的发展，已经具有比较完善的理论基础.

遗传算法提供了一种求解复杂系统优化问题的通用框架，它不依赖于问题的具体领域，对优化函数的要求很低，并且对不同种类的问题具有很强的鲁棒性，特别适用于复杂问题求最优解，目前广泛应用于计算机科学、工程技术和社会科学等领域.

遗传算法的最重要部分是把遗传进化现象用数学知识来描述，从而成功地把生物进化问题转变为一些数学问题. 在遗传算法中有很多把遗传进化的实际问题变为数学问题的方法. 为了学习遗传算法中把实际问题变为数学问题的建模方法，了解其中的算法机理，要先了解有关生物学方面的知识.

9.3.2　遗传算法的生物学知识

1. 有关概念

在自然界中，构成生物基本结构和功能的单位是**细胞**，细胞中含有的一种微小的丝状化合物称为**染色体**，生物的所有遗传信息都包含在这个复杂而又微小的染色体中. 生物学家研究发现，控制并决定生物遗传性状的染色体主要是由一种叫做**脱氧核糖核酸**（DNA）的物质所构成. DNA 在染色体中有规则地排列着，它是一个大分子的有机聚合物，其基本结构单位是核苷酸，许多核苷酸通过磷酸二酯键结合形成一个长长的链状结构，两个链状结构再通过碱基间的氢键有规律地扭合在一起，相互卷曲起来形成一种双螺旋结构. **基因**就是 DNA 长链结构中占有一定位置的基本遗传单位. 遗传信息是由基因组成的，生物的各种性状由其相应的基因所控制，如图 9-1 所示.

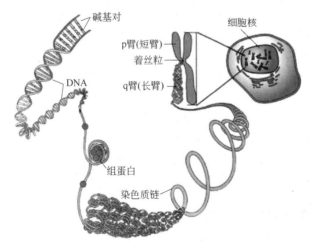

图 9-1

生物的遗传方式有复制、交叉和变异.

（1）复制

生物的主要遗传方式是复制. 在遗传过程中，父代的遗传物质 DNA 被复制到子代，即细胞在分裂时，遗传物质 DNA 通过复制而转移到新生的细胞中，新细胞就继承了旧细胞的基因.

（2）交叉

有性生殖生物在繁殖下一代时，两个同源染色体之间通过交叉而重组，即在两个染色体的某一相同位置处 DNA 被切断，前后两串分别交叉组合，形成两个新的染色体.

（3）变异

在进行细胞复制时，有可能产生某些复制差错，从而使 DNA 发生某种变异，产生出新的染色体. 这些新的染色体表现出新的性状.

2. 生物进化

地球上的生物，都是经过长期进化而形成的. 在繁殖过程中，大多数生物通过遗传，使物种保持相似的后代，部分生物由于变异，后代具有明显差别，甚至形成新物种. 由于不断繁殖，生物数目大量增加，而自然界中生物赖以生存的资源却是有限的. 因此，为了生存，生物就需要竞争获得生存的权利. 生物在生存竞争中，根据对环境的适应能力，适者生存，不适者消亡. 自然界中的生物，就是根据这种优胜劣汰的原则，不断地进化着.

生物的进化是以**群体**的形式进行的，该群体常称为种群. 组成群体的单个生物称为**个体**，每个个体对其生存环境都有不同的适应能力，这种适应能力称为个体的**适应度**.

虽然人们还未完全揭开遗传与进化的奥秘，但其以下特点却为人们所共识.

① 生物的所有遗传信息都包含在染色体中，染色体决定了生物的性状.

② 染色体是由基因及其有规律的排列所构成的，遗传和进化过程发生在染色体上.

③ 生物的繁殖过程是由其基因的复制过程来完成的.

④ 同源染色体之间的交叉或染色体的变异会产生新的物种，使生物呈现新的性状.

⑤ 对环境适应性好的基因经常比适应性差的基因有更多的机会遗传到下一代.

观察当前自然界中存在的某个动物群（如猴群）的繁衍过程，可以看到群中的猴王是最强壮者（高适应度），它可以有更多的机会与母猴交配繁衍，而其当猴王的时间可以多于一代以上. 研究发现，生物进化的过程可以描述为：在一个种群以成功繁殖出下一代种群的进化过程中，该代种群中适应度低的个体较少具有繁殖的机会，而适应度高的个体会有更多的繁殖机会. 具有繁殖机会的个体通过复制（相当于无性繁殖或有性繁殖生物中的强者可以在下一代群体中继续存在）、交叉（相当于动物的交配）和变异（相当于进化出现返祖现象）的遗传方式使下一代种群中出现基因交叉、基因变异的新个体. 这种进化方式一代代重复，出现适应度低的个体被逐步淘汰，而适应度高的个体越来越多. 经过 N 代的自然选择后，保存下来的个体都是适应度很高的，其中很可能包含史上产生的适应度最高的那个个体.

9.3.3　生物进化过程的数学表示

1. 生物进化过程

可以把生物进化过程用数学知识来描述，以便把生物进化的问题变为数学问题. 从以上生物遗传进化过程可以看到，完成进化的过程首先要有一个由若干个体组成的种群，这个种群中的个体通过复制、交叉、变异的基因遗传（繁衍）方式产生新一代群体；然后这个新群体通过竞争的方式产生新的种群以便进行更新一代群体的产生. 在个体竞争选择方式（由适应度控制）的作用下，使更适合竞争选择方式的"强者"的基因通过基因遗传操作方式被保留下来，产生的新群体具有更强的适应度，其中的个体有可能会进化出适应度很高的个体，如图 9-2 所示.

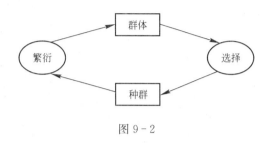

图 9-2

上面的过程可以表示为如下.

① 随机选择一个种群；

② 种群的个体之间进行繁衍产生新一代群体；

③ 计算群体中每个个体的适应度；

④ 选择出新的种群并在其中再进行繁衍；

⑤ 计算新繁衍群体中每个个体的适应度；

⑥ 判断新繁衍群体中是否有达到要求的个体；若有，给出该个体并退出，否则返回④.

2. 数学表示

由生物学知识可知，染色体包含着该生物的所有遗传信息，故可以用该生物的染色体表示该生物，而染色体主要由具有链状结构的 DNA 构成，这就使人们想到用数学中字符串表示该生物，把生物个体转化为数学中的字符串，其中的每个字母表示该生物的基因. 于是一个生物个体对应一个字符串，而一个群体就可以用若干个字符串来表示了. 通常把一个个体用某种字符串表示称为编码，而由字符串找到对应个体称为解码.

在确定生物可以用字符串表示的前提下和字符串每个字母实际含义的基础上，给出生物交叉的遗传方式可以定义为两个字符串对应字符段的互换，而生物变异的遗传方式可以定义为一个字符串某些字符发生变化. 对于生物复制遗传方式的数学表示，注意到通常情况下强的个体比弱的个体有更多的机会. 要表示个体的强弱，可以定义一个以个体为自变量的函数（可以形象地称为适应度函数），然后根据实际情况决定该函数的取值与个体强弱的标准.

（1）引入数学符号

个体（染色体）x：$x = a_1 a_2 \cdots a_n$，x 的第 k 个基因是 a_k，$k = 1, 2, \cdots, n$.

群体 Q：$Q = \{x_1, x_2, \cdots, x_N\}$，$x_k = a_{1k} a_{2k} \cdots a_{nk}$，$k = 1, 2, \cdots, N$.

适应度 F：个体的函数 $f(x)$，是群体到实数的映射，即 $f : Q \to \mathbf{R}$.

（2）基因遗传操作方式的数学表示

基因遗传方式为复制、交叉和变异，它们都是以个体为对象产生新个体，这种操作在数学上表现为算子的功能，因此常称基因遗传的复制、交叉和变异操作为复制算子、交叉算子和变异算子.

交叉算子是指进行交叉的两个个体其染色体相互交错，产生两个新的个体. 该新个体具有互换原来参与交叉的两个个体的基因片段的特点，互换基因段的位置叫做杂交点，是随机产生的，可以是染色体的任意位置.

交叉算子是两个个体的运算，有单点交叉和多点交叉之分.

① 单点交叉，交叉点在第 k 个基因.

交叉前

$$x_1 = a_1 a_2 \cdots a_k \,|\, \boldsymbol{a}_{k+1} \boldsymbol{a}_{k+2} \cdots \boldsymbol{a}_n, \quad x_2 = b_1 b_2 \cdots b_k \,|\, \boldsymbol{b}_{k+1} \boldsymbol{b}_{k+2} \cdots \boldsymbol{b}_n$$

交叉后

$$y_1 = a_1 a_2 \cdots a_k \,|\, \boldsymbol{b}_{k+1} \boldsymbol{b}_{k+2} \cdots \boldsymbol{b}_n, \quad y_2 = b_1 b_2 \cdots b_k \,|\, \boldsymbol{a}_{k+1} \boldsymbol{a}_{k+2} \cdots \boldsymbol{a}_n$$

② 多点交叉，交叉点在第 k 个基因和第 m 个基因.

交叉前

$$x_1 = a_1 a_2 \cdots a_k \,|\, \boldsymbol{a}_{k+1} \cdots \boldsymbol{a}_m \,|\, a_{m+1} \cdots a_n$$
$$x_2 = b_1 b_2 \cdots b_k \,|\, \boldsymbol{b}_{k+1} \cdots \boldsymbol{b}_m \,|\, b_{m+1} \cdots b_n$$

交叉后

$$y_1 = a_1 a_2 \cdots a_k \,|\, \boldsymbol{b}_{k+1} \cdots \boldsymbol{b}_m \,|\, a_{m+1} \cdots a_n$$
$$y_2 = b_1 b_2 \cdots b_k \,|\, \boldsymbol{a}_{k+1} \cdots \boldsymbol{a}_m \,|\, b_{m+1} \cdots b_n$$

变异算子是单个个体的运算，有单基因变异和多基因变异之分.

① 单基因变异，变异点为第 k 个基因.

变异前：$x = a_1 a_2 \cdots a_{k-1} \boldsymbol{a}_k a_{k+1} \cdots a_n$

变异后：$y = a_1 a_2 \cdots a_{k-1} \boldsymbol{b}_k a_{k+1} \cdots a_n$

② 多基因变异，变异点为第 k 个基因和第 m 个基因.

变异前：$x = a_1 \cdots a_{k-1} \boldsymbol{a}_k a_{k+1} \cdots a_{m-1} \boldsymbol{a}_m a_{m+1} \cdots a_n$

变异后：$y = a_1 \cdots a_{k-1} \boldsymbol{b}_k a_{k+1} \cdots a_{m-1} \boldsymbol{b}_m a_{m+1} \cdots a_n$

复制算子对应着遗传进化的个体选择，因此也有人把复制称为选择. 个体竞争选择方式由适应度控制，并有多种方式. 但不论哪种方式都要体现群体的个体优胜劣汰效果：适应度高的个体被选择的机会要大于适应度低的个体. 这里介绍遗传算法中常用的轮盘赌选择方法，它的基本思想是体现个体被选中的概率与其适应度函数值大小成正比.

轮盘赌选择方法为：设 $\{x_1, x_2, \cdots, x_N\}$ 是由给定的 N 个个体组成的群体，$f(x_k)$ 是个体 x_k 的适应度值，满足 $f(x_k) \geqslant 0$，定义如下个体 x_k 适应度值在该群体中所占比值为

$$p_k = \frac{f(x_k)}{\displaystyle\sum_{j=1}^{N} f(x_j)}$$

因为 $p_k \geqslant 0$，且 $\sum p_k = 1$，由此可以将 p_k 看成个体 x_k 的生存概率，构建该种群的分布率为

x	x_1	x_2	$\cdots$	x_N
p_k	p_1	p_2	$\cdots$	p_N

因为分布函数是单调递增且值域为 $[0, 1]$，令

$$F_k = p_1 + p_2 + \cdots + p_k, \quad k = 1, 2, \cdots, N$$

则有

$$p_1 = F_1 < F_2 < \cdots < F_N = 1$$

F_1，F_2，$\cdots$，F_N 对 [0，1] 区间进行了划分，划分的小区间 [F_k，F_{k+1}] 正好是个体 x_k 的生存概率 p_k. 选择个体的操作是：用产生 [0，1] 区间实数的随机数函数产生一个随机数 r，若有 $F_k \leqslant r < F_{k+1}$，则个体 x_k 被选中. 这种选择机理与轮盘赌选择方法相同，故称为轮盘赌选择法.

轮盘赌选择法能达到适应度高的个体被选择的机会大于适应度低的个体要求，而且适应度低的个体也有被选中的机会. 注意到自然界中种群的强者可以和多个个体进行交配，这种现象可以表现为在选择中可以出现某个体被多次选中，此时多次被选中的个体又多次进行交叉繁殖. 通常情况下种群的规模小于群体的规模，具体种群规模的大小可以事先给定.

9.3.4　遗传算法数学模型

在实际的遗传进化中，参与繁衍的种群数目在每一代一般不是固定的，但为处理方便且有代表性，变为数学问题时将每一代的种群数设置为固定数. 此外，参与交配的个体数也是随机的，通常占种群总数的 60%～100%，这个比例常用 P_c 表示，称为交叉概率. 交叉概率反映了两个被选中的个体进行杂交的概率. 例如，杂交率为 0.8，则 80% 的"夫妻"会生育后代. 每两个个体通过杂交产生两个新个体，代替原来的"老"个体，而不杂交的个体则保持不变. 种群中出现变异的个体通常很少，一般占种群总数的 0.1%～1%，这个比例常用 P_m 表示，称为变异概率.

另外，遗传进化是一个逐步寻优的过程，这对应着数学中的迭代操作，而迭代是需要有控制条件终止的，因此在遗传进化中要有满足最优个体条件的表述，以便找到满足条件的个体. 该个体的特征在数学上表现为迭代结束的控制条件.

令 $X(i)$ 表示第 i 代群体，$X(i) = \{x_1, x_2, \cdots, x_N\}$，$X(0)$ 表示初始种群，遗传算法的过程如下.

① 给定种群规模的大小 N，随机产生 N 个个体，获得初始种群 $X(0)$，记 $i = 0$.

② 对种群个体进行编码，获得字符串集合.

③ 计算群体 $X(i)$ 中每个个体 x_k 的适应度值 $f(x_k)$.

④ 应用选择算子产生种群 $X_c(i)$.

⑤ 选择一个交叉概率 P_c，得到种群 $X_c(i)$ 参与交叉的个体总数，再应用交叉运算产生新一代中间群体 $X_r(i+1)$.

⑥ 选择一个变异概率 P_m，得到参与变异的个体总数，对种群 $X_r(i+1)$ 应用变异运算产生新一代群体 $X(i+1)$；

⑦ 判别新一代群体 $X(i+1)$ 中是否有满足终止条件的个体，若有，把该个体解码还原该个体，终止运算；否则做下一代的进化：$i = i+1$，转③.

遗传算法最简单的一种编码方式是二进制编码，即将群体的个体用由 0 和 1 组成的字符串表示，如 11110000000111111000101，当然编码不限于此.

实际上，把实际问题变为数学问题的例子在每个专业里都有成功的案例. 从上面的例子可以看出，将实际问题转化为数学问题，一般遵循以下几个步骤.

① 掌握问题的实际背景，搜集、了解必要的数据资料.

② 明确目的，通过对资料的分析，找出其主要因素，经过必要大胆的精练、简化，提

出若干符合客观实际的假设.

③ 根据自己对问题的理解和熟悉的数学知识,引入数学符号和函数来描述所讨论的问题. 采用何种数学结构、数学工具,要依据实际问题和自己的知识而定,无固定的模式.

④ 把实际问题变为数学问题时适当辅以图形,可以达到事半功倍的效果.

💻 习题与思考

1. (转售机器的最佳时间问题) 人们使用机器从事生产是为了获得更大的利润. 通常购买的机器使用一段时间后会转售出去以便购买更好的机器,那么一台机器使用多少时间再转售出去才能获得最大的利润是使用机器者最想知道的. 现有一种机器,由于折旧等因素其转售价格 $R(t)$ 服从函数关系 $R(t) = \frac{3A}{4}e^{-\frac{t}{96}}$(元),这里 t 是时间,单位是周,A 是机器的最初价格. 此外,还知道在任何时间 t,机器开动就能产生 $P = \frac{A}{4}e^{-\frac{t}{48}}$ 的利润,问该机器使用多长时间后转售出去能使总利润最大?最大利润是多少?机器卖了多少钱?

2. (繁殖问题) 一对刚出生的幼兔经过一个月可以长成成兔,成兔再经过一个月后可以繁殖出一对幼兔. 如果不计算兔子的死亡数,请给出在未来 24 个月中每个月的兔子对数.

3. (食谱问题) 某公司饲养实验用的动物以供出售,已知这些动物的生长对饲料中三种营养成分:蛋白质、矿物质、维生素特别敏感,每个动物每天至少需要蛋白质 70 g,矿物质 3 g,维生素 10 mg,该公司能买到五种不同的饲料,每种饲料 1 kg 所含营养成分如表 9-1 所示,每种饲料 1 kg 的成本如表 9-2 所示.

表 9-1 五种饲料单位重量 (1 kg) 所含营养成分

饲料	蛋白质/g	矿物质/g	维生素/mg
A_1	0.30	0.10	0.05
A_2	2.00	0.05	0.10
A_3	1.00	0.02	0.02
A_4	0.60	0.20	0.20
A_5	1.80	0.05	0.08

表 9-2 五种饲料单位重量 (1 kg) 成本

饲料	A_1	A_2	A_3	A_4	A_5
成本/元	0.2	0.7	0.4	0.3	0.5

既能满足动物生长需要又使总成本最低的饲料配方,其对应的数学问题是什么?

4. 一个摆渡人欲将一只狼、一头羊和一篮白菜运过河,由于船小,摆渡人一次最多带一物过河,并且狼与羊、羊与白菜不能离开摆渡人时放在一起,请把本问题变为数学问题,并给摆渡人设计一种渡河方法.

5. "生物进化过程的数学表示"一节中有几处内容涉及把实际问题变为数学问题?请逐一指出.

6. (最短路线问题) 从 A_0 地铺设一条管道到 A_6 地, 中间必须经过五个中间站. 第一站可以在 A_1, B_1 两地中任选一个. 类似地, 第二、三、四、五站可供选择的地点分别是 $\{A_2,$ B_2, C_2, $D_2\}$, $\{A_3$, B_3, $C_3\}$, $\{A_4$, B_4, $C_4\}$, $\{A_5$, $B_5\}$. 连接两点间管道的距离, 用图 9-3 中两点连线上的数字表示, 两点间没有连线的表示相应两点间不能铺设管道. 现要选择一条从 A_0 到 A_6 的铺管线路, 怎样做可以使总距离最短?

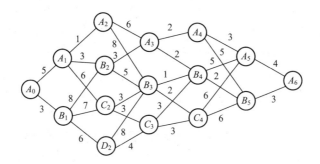

图 9-3

7. (机器负荷分配问题) 某机器可以在高低两种不同的负荷下生产. 在高负荷下生产, 年产量 $s_1 = 8u_1$, 式中 u_1 为投入生产的机器数量, 机器的年折损率为 $a = 0.7$, 即年初完好的机器数量为 u_1, 年终就只剩下 $0.7u_1$ 台是完好的, 其余均需维修或报废. 在低负荷下生产, 年产量 $s_2 = 5u_2$, 式中 u_2 为投入生产的机器数量, 机器的年折损率为 $b = 0.9$. 设开始时, 完好的机器数为 $x_1 = 1\,000$ 台, 请给出一个在每年开始时决定如何重新分配完好机器在两种不同负荷下工作数量的五年计划, 使产品五年的总产量最高.

8. 参照本章的案例, 给出一个把实际问题转化为数学问题的类似案例和用不同于本章介绍的转换方法的案例.

9. 数字和音乐往往是联系在一起的, 一串数字可以表现一种音乐旋律. 请根据 e=2.718 28 …的数字串特点及含义, 用数学建模为 e 谱曲.

第 10 章 数据挖掘模型

数据挖掘（data mining，DM）是指从大量的数据中，提取出隐藏的、事先未知的但具有潜在价值的信息的非平凡过程. 数据反映客观事物未经加工的原始信息，蕴含着被研究对象的内部运行机理，是各种统计、计算和科学研究所依据的原始数值. 通过建立数据驱动模型，可以解决机理尚未被揭示或过于复杂，无法用数学语言准确描述的实际问题. 本章将详细介绍有代表性的若干典型案例，以此帮助读者了解数据挖掘的一些典型方法.

10.1 数据挖掘主要解决的问题

1. 主要解决的问题

数据挖掘旨在发掘数据中的隐含规律，通过分析预测事物未来的发展趋势，从而对问题的决策提供参考. 通常，数据挖掘主要解决以下两类问题.

① 预测性问题. 主要目标是根据其他属性的值，预测特定属性的值. 被预测属性一般称为目标变量或因变量，而用来预测的属性称为说明变量或自变量.

② 描述性问题. 主要目标是导出概况数据中潜在的模式（关联、趋势、聚类、轨迹和异常）. 本质上，描述性问题的数据挖掘任务通常是探查性的，并且常常需要后处理技术验证和解释结果.

2. 数据预处理方法

数据是机器学习的原料. 无论是预测性问题还是描述性问题，在进行建模之前都应该对数据进行预处理，因为原始数据可能存在各种各样的问题而无法直接使用. 在实际业务处理中，数据通常是脏数据. 所谓"脏"，是指数据可能存在以下几种问题.

① 数据缺失，指属性值为空的情况.

② 数据噪声，指数据值不合常理的情况.

③ 数据不一致，指数据前后存在矛盾的情况.

④ 数据冗余，指数据量或者属性数目超出数据分析需要的情况.

⑤ 数据集不均衡，指各个类别的数据量相差悬殊的情况.

⑥ 离群点/异常值，指远离数据集中部分的数据.

⑦ 数据重复，指在数据集中出现多次的数据.

为了消除数据特征之间的量纲影响，需要对特征进行归一化处理，以使不同指标之间具有可比性. 例如，分析一个人的身高和体重对健康的影响，如果使用米（m）和千克（kg）作为单位，身高在 $1.6 \sim 1.8$ m 的数值范围内，体重特征在 $50 \sim 100$ kg 的数值范围内，分析出来的结果会倾向于数值差别较大的体重特征. 对数值型特征进行归一化可以将所有特征都统一到一个大致相同的区间内，以便进行分析. 归一化通常有线性函数归一化和零均值归一化两种. 当然，不是所有的机器学习算法均需要对数值进行归一化. 在实际应用中，通过梯度下降法求解的模型通常需要归一化，因为经过归一化后，梯度在不同特征上的更新速度趋于一致，可以加快模型收敛速度.

10.2　预测性问题建模

近几年来，数学建模比赛中常常出现预测模型或与预测相关的题，如疾病的传播、雨量的预报等. 预测建模就是根据系统发展变化的实际数据和历史资料，运用现代的科学理论和方法，以及各种经验、判断及知识，建立数学模型，从而对事物在未来一定时期内的可能变化情况进行推测、估计和分析.

预测模型根据建模时是否能够较为全面地掌握描述对象的发展过程，可以分为机理建模和数据建模. 在可以全面掌握描述对象随时间或空间的演变过程信息时，通常采用机理建模. 机理建模指的是将描述对象的某些特性依据现有的物理定理或定律，利用数学语言表达出来，进而预测其随时间或空间的变化情况. 机理建模的主要方法是微分方程. 当只有描述对象发展过程中的部分数据时，可采用数据建模的方法. 数据建模的方法较多，常用的有灰色预测模型、时间序列模型、回归分析模型、马尔可夫模型、神经网络模型、集成学习模型（决策树）等.

10.2.1　回归问题

回归预测分析的基本思路如下.

（1）根据预测目标确定自变量和因变量

事实上，预测目标就是要求的因变量，如预测目标是往后几年的人均 GDP、下一年北京市的平均房价等；然后分析与预测目标相关的影响因素，选择主要影响因素作为自变量.

（2）建立回归分析预测模型

根据掌握的自变量和因变量的历史数据进行分析，建立能够刻画自变量和因变量关系的回归方程，即回归分析预测模型.

（3）计算回归方程的参数

利用数理统计方法确定回归方程的参数，如最小二乘法.

（4）检验回归预测模型，计算预测误差

回归方程需要通过各种检验以确定拥有较小的预测误差，从而认为回归方程预测出的结果比较可靠.

（5）计算预测值

如果回归预测模型能够通过检验，且预测误差较小，则可以利用回归预测模型计算预测值，对预测值做综合分析，得出最终结论.

应用回归分析预测方法时，如果自变量与因变量之间不存在相关关系，那么将会得出错误的预测结果. 因此，应用回归分析预测方法需要定性分析变量之间的依存关系，并且采用合适的数据资料.

案例 10 - 1　回归问题应用案例

1. 问题的提出

某地区作物生长所需的营养素主要是氮（N）、磷（P）、钾（K）. 某作物研究所在某地区对土豆做了一定数量的实验，实验数据如表 10 - 1 所示. 当一个营养素的施肥量变化时，将营养素的施肥量保持在第七个水平上，如对土豆产量关于氮的施肥量做实验时，磷与钾的施肥量分别取为 196 kg/hm² 与 372 kg/hm².

试分析施肥量与产量之间关系，并按照题干所述的施肥量实验方式，对氮、磷、钾的施肥量分别达到 500 kg/hm²、400 kg/hm²、700 kg/hm² 时土豆的产量进行预测.

表 10 - 1　实验设置条件下土豆产量与施肥量的关系

N		P		K	
施肥量/ (kg/hm²)	产量/ (t/hm²)	施肥量/ (kg/hm²)	产量/ (t/hm²)	施肥量/ (kg/hm²)	产量/ (t/hm²)
0	15.18	0	33.46	0	18.98
34	21.36	24	34.47	47	27.35
67	25.72	49	35.06	93	34.86
101	32.29	73	36.26	140	39.52
135	34.03	98	37.44	186	38.44
202	39.45	147	38.09	279	37.73
259	43.15	196	39.56	372	38.43
336	43.46	245	40.17	465	43.87
404	40.83	294	41.36	558	42.77
471	30.75	342	42.73	651	46.22

2. 模型假设

① 研究所的实验是在相同的实验条件（充分的水分供应、正确的耕作程序等）下进行的，产量的变化是由施肥量的变化引起的，产量与施肥量之间满足一定的规律.

② 土壤本身已含有一定数量的氮、磷、钾，即具有一定的天然肥力.

③ 每次实验是独立进行的，互不影响.

3. 模型建立

① 从题干要求不难确定：自变量为营养素的施肥量，因变量为土豆产量.

② 分析自变量与因变量之间的关系，以选择合适的回归方程，这里选择常用的散点图来观察自变量和因变量的关系. 绘制土豆产量与氮、磷、钾三种营养素的散点图，如图 10 - 1～图 10 - 3 所示.

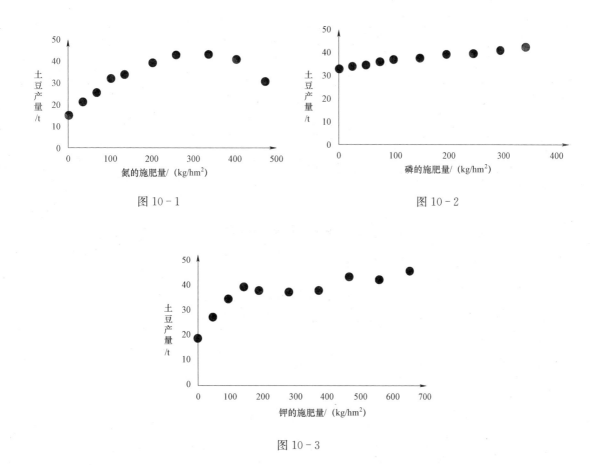

图 10 - 1

图 10 - 2

图 10 - 3

考虑土豆产量与氮施肥量之间的变化关系：当保持磷和钾的施肥量不变时，在施肥量达到 336 kg/hm² 之前，土豆产量随着氮的施肥量的增加而增加，超过 336 kg/hm² 之后，施肥量再增加就会造成产量的下滑，根据散点图的趋势可以判断土豆产量与氮施肥量之间可以用二次函数关系来拟合.

考虑土豆产量与磷的施肥量之间的变化关系：当保持氮和钾的施肥量不变时，可以看到，随着磷肥施用量的增加，土豆产量总体呈上升趋势，并且可见散点分布在一条直线附近，根据散点图的趋势可以将二者的关系拟合为线性关系.

考虑土豆产量与钾的施肥量之间的变化关系：总体来看，依然是随着施肥量的增加，土豆产量也随之增加，增幅呈非线性，不过最终趋向平稳，结合散点图，可认为其函数为负指数关系. 取不同钾肥水平下土豆产量的对数来验证，对数散点图如图 10 - 4 所示. 由图 10 - 4 可以看出，土豆产量的对数与钾肥的施用水平间几乎呈线性关系，因此考虑指数函数是合理的.

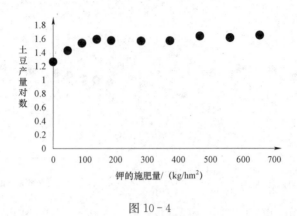

图 10 - 4

由上述讨论，可以确定土豆产量与各营养素施用水平之间的函数关系为

$$\begin{cases} y_1 = a_1 n^2 + b_1 n + c \\ y_2 = a_2 p + b_2 \\ y_3 = a_3 + b_3 e^{c_3 k} \end{cases}$$

式中，a_i，b_i，c_i 为待拟合常数，n，p，k 为氮、磷、钾的施用量.

4. 模型求解

由于 $y_1 = a_1 n^2 + b_1 n + c$ 为非线性回归方程，采用非线性最小二乘拟合法来求解模型的参数：

$$M = \sum_{i=0}^{9} [y_i - (a_i n^2 + b_i n + c_i)]^2$$

令

$$\begin{cases} \dfrac{\partial M}{\partial a} = -2 \sum_{i=0}^{9} [y_i - (a_i n_i^2 + b_i n_i + c_i)] n_i^2 = 0 \\[2mm] \dfrac{\partial M}{\partial b} = -2 \sum_{i=0}^{9} [y_i - (a_i n_i^2 + b_i n_i + c_i)] n_i = 0 \\[2mm] \dfrac{\partial M}{\partial c} = -2 \sum_{i=0}^{9} [y_i - (a_i n_i^2 + b_i n_i + c_i)] = 0 \end{cases}$$

解得

$$a_1 = -0.000\ 3,\ b_1 = 0.197\ 1,\ c_1 = 14.741\ 6$$

对于 $y_2 = a_2 p + b_2$，由最小二乘法求得

$$a_2 = 0.025\ 8,\ b_2 = 34.068$$

对于 $y_3 = a_3 + b_3 e^{c_3 k}$，解得

$$a_3 = 42.664\ 4,\ b_3 = -23.394\ 5,\ c_3 = -0.009$$

从而所拟合的函数为

氮：$y_1(\text{N}) = -0.000\ 3\ n^2 + 0.197\ 1 n + 14.741\ 6$

磷：$y_2(\text{P}) = 0.025\ 8 p + 34.068$

钾：$y_3(\text{K}) = 42.664\ 4 - 23.394\ 5\ e^{-0.009k}$

对于磷的施肥量与土豆产量之间的关系这类一元线性问题，可以直接由线性回归的基本

分析方法进行分析. 而氮和钾的施肥量与土豆产量的关系是一元非线性回归问题，在回归分析前也可以将其转换为一元线性问题，再通过线性回归分析求解问题. 也就是说，对于像上述这种曲线建模的非线性目标函数 $y = f(x)$，通过某种数学变换 $\begin{cases} v = v(y) \\ u = u(x) \end{cases}$ 使之"线性化"，变成一元线性函数 $v = a + bu$ 的形式，继而利用最小二乘估计法估计参数 a 和 b，用一元线性回归方程 $\hat{v} = \hat{a} + \hat{b}u$ 来描述 v 与 u 之间的统计规律，然后用逆变换 $\begin{cases} y = v^{-1}(v) \\ x = u^{-1}(u) \end{cases}$ 还原为目标形式的非线性回归方程. 例如，对于回归方程 $y_1 = a_1 n^2 + b_1 n + c$，可以令 $z_1 = n$，$z_2 = n^2$，那么回归方程就变成了 $y_1 = a_1 z_1 + b_1 z_2 + c$，这是一个多元线性回归方程，可以通过线性回归分析方法估计其参数，对模型进行检验. 当然，现在用一些成熟的软件进行数据分析非常方便，可以不需要进行数据转化，直接进行非线性回归分析，不但结果更准确，还可以进行多因素、多次的回归分析. 这种将非线性回归转化为线性回归的数学思想在分析数学问题的过程中值得借鉴.

5. 模型检验

线性回归预测模型的检验方法有很多，常见的有 F 检验法、t 检验法、相关系数检验法等. 由于篇幅原因，这里简单介绍用于拟合优度检验的决定系数 (R^2)，它表示回归平方和占总误差平方和的比例，反映回归直线的拟合程度，取值范围为 $[0, 1]$，R^2 越趋近于 1，说明回归方程拟合得越好；R^2 越趋近于 0，说明回归方程拟合得越差. 决定系数的平方根等于相关系数. 决定系数的计算公式为

$$R^2 = 1 - \frac{\sum (y_i - \hat{y_i})^2}{\sum (y_i - \bar{y_i})^2} = \frac{\sum (\hat{y_i} - \bar{y_i})^2}{\sum (y_i - \bar{y_i})^2}$$

式中，$0 \leqslant R^2 \leqslant 1$.

因为 $y_2(P) = 0.025\,8p + 34.068$ 是一元线性回归方程，决定系数可以由公式计算：

$$R^2(y_2) = 0.980\,2$$

说明该方程对于磷的施肥量与土豆产量的关系拟合得很好，可以用来预测.

对于剩余两个非线性回归方程，其检验难度要高于线性回归方程，利用 Excel、Matlab、SPSS 等软件可以得到更为精确的拟合结果，还可以进行各种检验. 不过，利用回归分析做预测的思路需要我们学习并掌握.

6. 模型预测

得到拟合效果较好的回归方程之后，可以根据预测目标，将自变量的数值代入，计算因变量的结果，并对结果进行综合分析，看是否与事实相符.

根据题干要求，将数值分别代入回归方程，得到如下结果.

当氮的施肥量达到 500 kg/hm² 时，土豆产量为 38.291 6 t/hm²；当磷的施肥量达到 400 kg/hm² 时，土豆产量为 44.388 0 t/hm²；当钾的施肥量达到 700 kg/hm² 时，土豆产量为 42.621 4 t/hm².

10.2.2　分类问题

分类问题也属于预测性问题，但是它跟普通预测性问题的区别在于其预测的结果是类

别. 举个例子, 你和朋友在逛街, 迎面走来一个人, 你对朋友说道: 我猜这个人是北京人, 那么这个问题就属于分类问题; 如果你对朋友说: 我猜这个人的年龄在 35 岁左右, 那么这个问题就属于前面介绍的预测性问题.

有一种很特殊的分类问题, 那就是"二分"问题. 显而易见, "二分"问题意味着预测的分类结果只有两个类: 是或否、好或坏、高或低等. 这类问题也称为 0−1 问题. 之所以说它很特殊, 主要是因为解决这类问题时, 只需关注预测属于其中一类的概率即可, 因为两个类的概率可以互相推导. 那么, 用数据挖掘方法怎么预测 $P(X=1)$ 呢? 其实并不难, 解决这类问题的一个前提就是通过历史数据的收集, 已经明确知道某些用户的分类结果. 例如已经收集到 10 000 个用户的分类结果, 其中 7 000 个是属于"1"这类, 3 000 个属于"0"这类. 伴随着收集的分类结果, 还收集了这 10 000 个用户的若干特征(指标、变量). 这样的数据集一般在数据挖掘中被称为训练集. 顾名思义, 分类预测的规则就是通过这个数据集训练出来的.

常见的分类分析方法包括决策树、Logistic 回归、支持向量机 (SVM)、邻近算法 (KNN)、人工神经网络 (ANN) 等. 下面简单介绍决策树分析方法.

案例 10−2　决策树应用案例

决策树是一种利用树形结构表达信息关系的高效分类器, 其树形结构由根节点、内部节点、分枝和叶节点构成, 展示了对数据进行逻辑分类的过程. 决策树通过对每个内部节点进行属性值比较得到分枝, 并在叶节点得出结论. 从决策树的根节点到叶节点的一条路径对应一条合取规则, 因此决策树容易转换成分类规则.

利用决策树进行分类的步骤如下.

① 建立决策树模型. 利用训练集数据建立一棵决策树, 实际上这是一个从数据中获取知识的递归过程.

② 对建立好的决策树进行剪枝优化, 降低训练集的噪声对决策树模型的影响.

③ 利用生成完毕的决策树对输入的待测样本进行分类. 从根节点依次测试待测样本的属性, 并找出测试样本所属的分类.

下面介绍最典型的决策树分类算法——ID3 算法. ID3 算法采取自顶向下分而治之的策略, 通过选择窗口形成决策树, 利用信息增益的标准选择训练集中具有最大信息量的分裂属性, 根据其建立的决策树的根节点, 再根据该属性的不同取值建立树的分枝, 在每个分枝子集中重复建立下层节点和分枝.

在信息增益中, 重要性的衡量标准就是看某一特征能够为分类系统带来多少信息, 能够带来的信息越多, 该特征越重要. 下面引入信息熵的概念.

假设一个训练样本集 T 是含有 t 个数据的样本集合, 假设 T 在类属性 C 上有 n 个不同的值, 且在类属性 C 上的值的相同记录被划分为同一类, 则样本集 T 被划分为 n 个类别 $\{C_1, C_2, \cdots, C_n\}$. c_i 表示第 C_i 类中的个数. 对于这个给定的样本集 T, 它的熵定义为

$$H(T) = -\sum (c_i/t) \log_2 (c_i/t)$$

式中, c_i/t 代表 C_i 在样本集 T 中所占的比例.

$H(T)$ 反映了代表样本集 T 的节点纯度. 当熵值为零时, 节点纯度最高; 反之, 熵的值越大, 节点所蕴含的不确定信息越大, 节点越不纯.

假设按照划分属性 S 来划分 T，设 S 有 m 个值，该属性将样本集 T 划分成 m 个子集 $\{T_1，T_2，\cdots，T_n\}$，其中 T_j 中的记录在 S 上有相同的值 s_j. 设 T_j 的数据个数是 t_j，则用属性 S 来划分 T 的熵定义为

$$H(T \mid S) = \sum_{j=1}^{m} \frac{t_j}{t} H(T)$$

属性 S 的信息增益可以通过如下公式计算得到.

$$G(S) = H(T \mid S) - H(T)$$

信息增益是用来衡量由于划分所造成的熵减小的程度. 熵减小的程度越大，则根据该属性产生的划分就越"纯"，信息增益的值就越大. 因此，一般选择信息增益最大的属性作为最佳划分属性.

1. 问题的提出

表 10-2 是一个买房的记录. 新收集的一名用户年龄为 29 岁，性别为男性，年收入为 27 万元，未婚，请根据表 10-2 中信息预测其是否已经买房.

表 10-2 用户买房信息

用户	年龄	性别	年收入/万元	婚姻状况	是否买房
1	27	男	15	否	否
2	47	女	30	是	是
3	32	男	12	否	否
4	24	男	45	否	是
5	45	男	30	是	否
6	56	男	32	是	是
7	31	男	15	否	否
8	23	女	30	是	否

2. 模型的建立

首先，这是一个二分类问题，买房的类别为是或否. 根据 ID3 算法的原理，样本集 T 的数据量 $t=8$，类属性 C 为买房，样本集 T 被分为买房和未买房两类；然后，划分属性集 S 有年龄、性别、收入、婚姻状况 4 类，对每一类划分属性进行细分，年龄属性：分为小于 30 岁、30～40 岁、大于 40 岁 3 个年龄段；年收入：少于 20 万元、20 万～40 万元、高于 40 万元 3 个级别；性别：男、女；婚姻状况：是、否.

3. 模型的求解

（1）建立决策树

针对所有数据，根据 T 中买房的情况：一共 3 人买房，5 人没买，计算分类系统的熵为

$$H(T) = -\frac{3}{8} \times \log_2\left(\frac{3}{8}\right) - \frac{5}{8} \log_2\left(\frac{5}{8}\right) = 0.954\,4$$

对 4 个划分属性逐一计算信息增益. 对于年龄属性，按照划分的三个年龄段将表 10-2 分为三部分，见表 10-3～表 10-5.

表 10 - 3　小于 30 岁的用户买房信息

用户	年龄	性别	年收入/万元	婚姻状况	是否买房
1	27	男	15	否	否
4	24	男	45	否	是
8	23	女	30	是	否

表 10 - 4　30~40 岁的用户买房信息

用户	年龄	性别	年收入/万元	婚姻状况	是否买房
3	32	男	12	否	否
7	31	男	15	否	否

表 10 - 5　大于 40 岁的用户买房信息

用户	年龄	性别	年收入/万元	婚姻状况	是否买房
2	47	女	30	是	是
5	45	男	30	是	否
6	56	男	32	是	是

然后，针对各年龄段区间计算熵：

$$H(T \mid S_{old<30}) = -\frac{1}{3} \times \log_2\left(\frac{1}{3}\right) - \frac{2}{3} \times \log_2\left(\frac{2}{3}\right) = 0.919\ 4$$

$$H(c \mid S_{old30\sim40}) = 0$$

$$H(T \mid S_{old40+}) = -\frac{2}{3} \times \log_2\left(\frac{2}{3}\right) - \frac{1}{3} \times \log_2\left(\frac{1}{3}\right) = 0.919\ 4$$

式中，S_{old} 代表年龄段.

计算整个年龄划分属性的熵：

$$H(T \mid S_{old}) = \frac{3}{8} \times 0.919\ 4 + \frac{2}{8} \times 0 + \frac{3}{8} \times 0.919\ 4 = 0.689\ 5$$

那么，年龄这个维度的信息增益就是

$$G_{old} = 0.954\ 4 - 0.689\ 5 = 0.264\ 9$$

同理，计算出性别、年收入、婚姻状况这三个维度的信息增益如下.

$$G_{sex} = 0.014\ 9,\ G_{income} = 0.454\ 4,\ G_{marry} = 0.048\ 7$$

比较四个维度的信息增益，收入这个维度的信息增益最大，故将收入这一属性作为根节点，如图 10 - 5 所示.

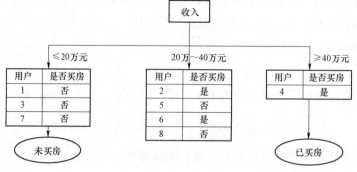

图 10 - 5　决策树根节点示意图

可以发现，收入处于 20 万元以下及高于 40 万元的用户在类属性买房上已经完全区分开了，所以收入处于 20 万元以下及 40 万元以上的分枝可以生成叶.

而 20 万～40 万元的用户还无法区分，因此需要利用剩余三个划分属性（性别、年龄、婚姻状况）按照计算划分属性的信息增益的形式进行进一步划分. 对收入在 20 万～40 万元的用户组计算性别、年龄、婚姻状况的信息增益，选择最大的继续向下分叶，得到最终决策树，如图 10-6 所示.

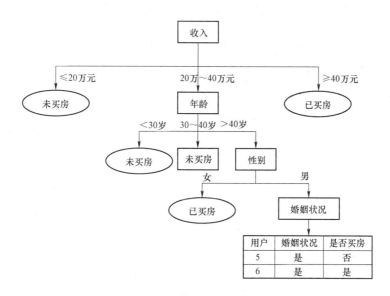

图 10-6　决策树构造结果

可以发现，由于数据量不足，导致到婚姻状况这一划分属性时无法继续分叶.

（2）剪枝优化

剪枝是为了降低训练集存在的噪声对决策树模型的影响. 观察上述决策树模型，可以发现自上而下第四层级的婚姻状况这一分枝可以减去，因为本例的数据量不足而导致这种分类无法做出判断. 在正常情况下，样本数量可能成千上万，用于分类的属性维度可能达到 10 维以上，这种情况下手动计算就不太现实了，但是根据各种分类算法的原理，可以借助 Matlab 或者 Python 等来实现分类算法的编写，从而使计算量不成为问题；同时，在代码中可以对剪枝条件进行设置，排除一些不太可能出现的情况. 例如，我们的目标是对成年人的买房行为进行分析，那么剪枝条件可以设置为年龄在 18 岁以下的分枝直接剪掉，或者在数据预处理时将年龄在 18 岁以下的用户数据去除.

（3）对待测样本进行分类

根据图 10-6，由题干给出的用户属性自上而下进行判断，预测结果为用户未买房.

以上是根据决策树中的 ID3 算法进行分类的案例，该案例只是对决策树分类方法的一个简单介绍，该案例中数据量过少，不构成分类学习算法的训练要求，因此没有像上文讲述的在训练分类模型时对数据集进行划分，比如将 70% 的数据用于训练、30% 的数据用于测试. 剩余的分类算法留给读者学习与探索.

4. 模型验证

针对一个二分类问题（实例分成正类或负类），在实际分类中会出现以下 4 种情况.

① 若一个实例是正类，并且被预测为正类，即为真正类 TP（true positive）

② 若一个实例是正类，但是被预测为负类，即为假负类 FN（false negative）

③ 若一个实例是负类，但是被预测为正类，即为假正类 FP（false positive）

④ 若一个实例是负类，并且被预测为负类，即为真负类 TN（true negative）

对于分类模型的评价有混淆矩阵、准确率、精确率、召回率等指标，下面进行简单介绍.

（1）混淆矩阵

混淆矩阵的每一行是样本的预测分类，每一列是样本的真实分类，是对模型分类效果的直观反映，如表 10 - 6 所示.

表 10 - 6　混淆矩阵

	正例	反例
正例	真正类（TP）	假正类（FP）
反例	假负类（FN）	真负类（TN）

（2）准确率

准确率即预测正确的样本数量占总量的百分比，具体公式如下：

$$准确率 = \frac{TP + TN}{TP + FN + FP + TN}$$

准确率有一个缺点，即数据的样本不均衡，它不能评价模型的优劣的. 假如一个测试集有正样本 99 个、负样本 1 个，模型把所有的样本都预测为正样本，那么模型的准确为 99%，从准确率来看会认为模型的效果很好，但实际上模型没有任何预测能力.

（3）精确率

精确率又称查准率，是针对预测结果的一个评价指标. 在模型预测为正样本的结果中，精确率是正样本所占的百分比，具体公式如下：

$$精确率 = \frac{TP}{TP + FP}$$

精准率的含义就是在预测为正样本的结果中有多少是准确的. 这个指标比较谨慎，分类阈值较高.

（4）召回率

召回率又称查全率，是针对原始样本的一个评价指标，在实际的正样本中被预测为正样本所占的百分比，具体公式如下：

$$召回率 = \frac{TP}{TP + FN}$$

召回率的侧重点在于尽量检测数据，不遗漏数据，分类阈值较低.

10.3　描述性问题建模

10.3.1　聚类问题

聚类分析方法是数据挖掘的常用方法之一. 聚类分析把一组数据按照相似性和差异性分为几个类别, 其目的是使属于同一类别的数据间的相似性尽可能大, 不同类别的数据间的相似性尽可能小. 需要注意的是, 分类问题与聚类问题是有本质区别的: 分类问题是预测一个未知类别的用户属于哪个类别 (相当于做单选题), 而聚类问题是根据选定的指标, 对一群用户进行划分 (相当于做开放式的论述题), 它不属于预测性问题.

聚类的方法层出不穷, 基于目标间彼此距离的大小进行聚类划分的方法是当前最流行的方法. 其思路是: 首先确定选择哪些指标对目标进行聚类; 然后在选择的指标上计算目标彼此间的距离, 距离的计算公式较多, 最常用的是欧氏距离; 最后把彼此距离比较短的用户聚为一类, 类与类之间的距离相对比较长.

聚类分析方法包括系统聚类、层次聚类、K-means 聚类等. 下面介绍简单而又常用的 K-means 聚类.

案例 10-3　聚类分析应用案例

K-means 聚类算法, "K" 指的是聚成 K 类, "means" 是指在聚类的过程中计算类内各对象的属性均值, 并作为类的中心点 (重心). 对象和类的距离是该对象与类中心点的距离. 对类内对象的调整是计算方差最小, 即最终目标是生成总体方差最小的 k 个类, 其步骤如下:

① 从数据中选择 k 个对象作为初始聚类中心.
② 计算每个聚类对象到聚类中心的距离.
③ 再次计算每个聚类中心.
④ 计算标准测度函数 (如聚类方差、平均绝对偏差等), 直到达到最大迭代次数, 否则, 重复②③.

上述步骤中的核心在于如何去度量样本间的相似度, K-means 聚类算法一般采用的是常见的欧氏距离. 高等数学中欧氏空间中两点之间的距离可以用欧氏距离来衡量, 其定义如下: n 维向量 $\mathbf{X}_i = (x_{i1}, x_{i2}, \cdots, x_{in})$, $\mathbf{X}_j = (x_{j1}, x_{j2}, \cdots, x_{jn})$ 的欧氏距离计算公式为

$$d(\mathbf{X}_i, \mathbf{X}_j) = \sqrt{\sum_{k=1}^{n} (x_{ik} - x_{jk})^2}$$

注意, 当变量数值的数量级相差较大时, 数值较大变量将对欧氏距离起决定作用. 为了减少这种影响, 需要对各变量的数据进行归一化处理.

下面介绍方差计算方法 (目标是生成总体方差最小的 k 个类).

假设 n 个样本对象被分成 K 个类, 每类中有 n_k 个对象, 第 k 个类的均值 (重心) 向量为 $\mathbf{M}_k$, 则

$$\mathbf{M}_k = \frac{\sum_{i=1}^{n_k} x_{ki}}{n_k}$$

注意，这里 M_k 的维度与样本属性维度是一致的，也就是说每一个维度均需要计算均值，所以称为均值向量.

第 k 类内（方差）误差是该类内第 i 个对象 x_{ki} 和其均值向量 M_k 的欧氏距离的平方和：

$$S_k^2 = \sum_{i=1}^{n_k} (x_{ki} - M_k)^2$$

包含 K 个类的整个聚类空间的方差是 K 个类的类内（方差）误差之和，即

$$S^2 = \sum_{k=1}^{K} S_k^2$$

那么，优化目标就是最小化分类方差：

$$\min\{S^2\}$$

1. 问题的提出

表 10-7 是 10 位客户的年收入和年龄信息，请运用 K-means 聚类算法将表中的客户分成不同的类别.

表 10-7　客户的年收入和年龄信息

客户	年收入/万元	年龄
1	17	28
2	10	23
3	40	50
4	8	19
5	35	54
6	25	29
7	20	36
8	19	40
9	36	42
10	22	33

2. 模型初始化

K-means 聚类算法的初始化非常简单. 首先，确定聚类目标，这里显然为客户，那么样本数量为 10，样本属性包括年收入和年龄 2 个维度，则聚类属性为 2 类. 由于欧氏距离对于不同维度的数值的差异比较敏感，在利用 K-means 聚类算法求解前需要对数据的各个维度进行标准化处理，这里采用简单的最大值标准化，结果如表 10-8 所示. 然后，确定 K 的数量，即将目标聚为 K 类，K 的选取需要针对实际问题进行合理选择，为了方便演示计算过程，这里设置 $K=2$.

表 10-8　标准化处理后的数据

客户	维度 1	维度 2
1	0.425	0.519
2	0.25	0.426
3	1	0.926

续表

客户	维度 1	维度 2
4	0.2	0.352
5	0.875	1.000
6	0.625	0.537
7	0.5	0.667
8	0.475	0.741
9	0.9	0.778
10	0.55	0.611

3. 模型的求解

初始聚类方案：任意选定 2 个对象（这里选择客户 1 和客户 2）作为初始样本对象，计算其余各个样本距离这两个对象的欧氏距离，如表 10 - 9 所示.

表 10 - 9 各属性点与初始聚类中心的距离

客户	与点 1 的距离	与点 2 的距离
3	0.704	0.901
4	0.280	0.089
5	0.659	0.849
6	0.201	0.391
7	0.166	0.347
8	0.228	0.387
9	0.541	0.739
10	0.155	0.352

按照欧氏距离将样本点聚为两类，如图 10 - 7 所示，可见所有数据点已经被聚为 $C_1 = \{2, 4\}$，$C_2 = \{1, 3, 5, 6, 7, 8, 9, 10\}$ 两类.

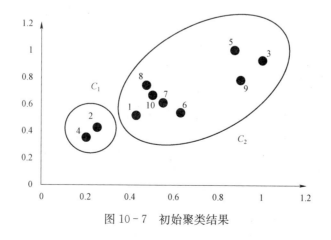

图 10 - 7 初始聚类结果

接下来计算 C_1 和 C_2 的重心 M_1 和 M_2：

$M_1 = ((0.25 + 0.2)/2,\ (0.426 + 0.352)/2) = (0.225\ 0,\ 0.389\ 0)$

$M_2 = (0.668\ 7,\ 0.722\ 4)$

从而得聚类方差为

$$S^2 = s_1^2 + s_2^2 = 0.004 + 0.560\ 4 = 0.560\ 8$$

第一次迭代：重新计算各点到 M_1 和 M_2 的距离，如表 10-10 所示.

表 10-10　各属性点与重心的距离

客户	与 M_1 的距离	与 M_2 的距离
1	0.236	0.317
2	0.045	0.513
3	0.943	0.389
4	0.045	0.597
5	0.892	0.346
6	0.427	0.190
7	0.391	0.178
8	0.432	0.195
9	0.779	0.238
10	0.396	0.163

根据距离重新对 10 个客户点进行聚类，得到 $C_1 = \{1,\ 2,\ 4\}$，$C_2 = \{3,\ 5,\ 6,\ 7,\ 8,\ 9,\ 10\}$ 两类，如图 10-8 所示.

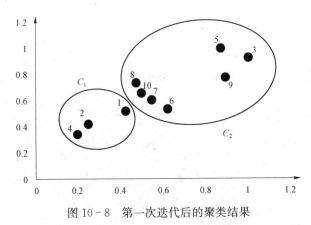

图 10-8　第一次迭代后的聚类结果

重新计算重心得到：$M_1 = (0.291\ 7,\ 0.432\ 3)$，$M_2 = (0.703\ 6,\ 0.751\ 4)$，此时的方差为 $S^2 = s_1^2 + s_2^2 = 0.041\ 9 + 0.445\ 2 = 0.487\ 1$.

相比于上次迭代，方差明显下降，而 K-means 聚类算法的优化目标就是找到一个聚类方案，使得方差最小. 由于篇幅原因，此处不再继续迭代，利用 Matlab 等软件可以轻松实现 K-means 聚类.

K-means 聚类算法存在以下局限性.

① 对初始点的选取很敏感, 这种敏感会导致 K-means 聚类算法很可能收敛到局部最优.

② K 值的合理选择需要大量经验, 就本例来说, 事实上我们并不知道分成几类才最合理.

③ 算法的实现是基于欧氏距离的, 但是在实际中有很多的距离计算方式, 这里不做详细介绍, 感兴趣的读者可以进一步深入了解.

4. 模型验证

聚类有效性的评价标准有两种: 一种是外部标准, 即通过测量聚类结果与参考标准的一致性来评价聚类结果的优良; 另一种是内部指标, 用于评价同一聚类算法在不同聚类条件下聚类结果的优良程度, 通常用来确定数据集的最佳聚类数. 具体细节读者可以查阅相关资料, 这里介绍 K-means 聚类算法的一种检验方法——离散点检测.

离散点检测的原理非常简单, 即设定一个阈值, 将聚类结果的各个属性点与对应类别的重心的距离与其比较, 如果某对象距离大于阈值, 就认为该对象是离散点, 该点的聚类效果未达到预期. 以表 10-9 为例, 我们将阈值设置为 0.6, 那么数据点 3 与 5 的聚类效果就未达标.

10.3.2　关联分析问题

交通事故的发生是由一系列因素导致的, 而导致交通事故的诸多因素之间存在千丝万缕的关系. 如果能够发现道路交通事故中各属性之间的关联, 尤其是事故发生的时间、地点、天气、车型、驾驶人信息等与事故类型、原因、形态等之间的内在关系, 那么交通政策制定者就可以有针对性地采取一定措施, 减少交通事故, 杜绝交通隐患, 这对人们的出行安全具有重要的意义.

Apriori 算法是一种无监督学习模型, 其核心思想是通过候选集生成和检测两个阶段来挖掘频繁项集, 从而挖掘出各元素间的强关联规则. 本节将利用此经典算法来挖掘一个交通事故数据集中的强关联规则. 下面给出相关定义.

事件: 可以认为是一条数据, 每条数据包含若干元素. 例如, 交通事故数据中一条事故数据包括天气、肇事者性别、司机驾龄、肇事车型等元素.

支持度: 支持度是对数据集中某一个或几个元素而言的, 它是包含某一个或几个元素的事件数占总事件数的比例, 即

$$\text{support} = P(A) \tag{10-1}$$

置信度: 置信度是同时包含元素 A 和 B 的事件占包含元素 A 的事件的比例, 即

$$\text{confidence}(A \Rightarrow B) = P(AB)/P(A) \tag{10-2}$$

例如, confidence(雾天 $\Rightarrow$ 追尾) = 43.82%, 则意味着在雾天发生的事故中有 43.82% 的概率是追尾事故.

最小支持度: 用来筛选频繁项集的支持度阈值.

最小置信度: 用来筛选强规则的阈值.

频繁项集: 指经常出现在一起的元素的集合, 把满足最小支持度的包含 k 个元素的事件的集合称为频繁 k 项集.

强规则: 指同时满足最小支持度阈值和最小置信度阈值的某个规则. 注意强规则和频繁

项集的定义不同点在于：由于有最小置信度的约束，强规则带有方向性，即有可能 $B \Rightarrow A$ 是强规则，而 $A \Rightarrow B$ 不是强规则，尽管二者都在同一个频繁项集内.

案例 10-4　关联分析应用案例

1. 问题的提出

假设有一个关于交通事故的数据集，如表 10-11 所示.

表 10-11　交通事故数据集

序号	内容
1	男性，雨天，驾龄 5 年以下，夜晚，超速
2	女性，轿车，驾龄 5 年以下
3	女性，雨天
4	夜晚，超速，雨天，轿车
5	夜晚，超速，轿车
6	女性，雨天，驾龄 5 年以下，超速，夜晚，轿车
7	女性，驾龄 5 年以下，雨天，轿车
8	驾龄 5 年以下，轿车
9	雨天，驾龄 5 年以下，超速，SUV
10	男性，夜晚，超速，轿车

利用 Apriori 算法对数据集进行关联分析，分析数据集中的强关联规则.

2. 模型初始化

通过观察可以发现，表 10-11 中含有的元素为｛男性，女性，雨天，驾龄 5 年以下，超速，夜晚，SUV，轿车｝，为了表示方便，将其分别用字母表示，其中男性为 a，女性为 b，雨天为 c，驾龄 5 年以下为 d，超速为 e，夜晚为 f，SUV 为 g，轿车为 h. 因此，可将其改写为表 10-12.

表 10-12　重写的交通事故数据集

序号	内容
1	a, c, d, f, e
2	b, h, d
3	b, c
4	f, e, c, h
5	f, e, h
6	b, c, d, e, f, h

续表

序号	内容
7	b, d, c, h
8	d, h
9	c, d, e, g
10	a, f, e, h

设定最小支持度为 0.4，最小置信度为 0.75.

3. 模型求解

Apriori 算法从频繁 1 项集出发，利用频繁 k 项集和频繁 1 项集搜索生成候选 $k+1$ 项集，并利用最小支持度与最小置信度阈值进行剪枝得到频繁 $k+1$ 项集，通过逐层搜索迭代，直到模型无法构造更高阶的候选项集为止.

本例中，首先计算候选 1 项集 C_1，例如对于 a，根据式(10-1)，支持度为

$$P(\{a\}) = \frac{\text{包含 a 的数据条数}}{\text{总数据量}} = \frac{2}{10} = 0.2$$

汇总得候选 1 项集 C_1（见表 10-13）.

表 10-13　候选 1 项集 C_1

候选 1 项集	支持度
{a}	0.2
{b}	0.4
{c}	0.6
{d}	0.6
{e}	0.6
{f}	0.5
{g}	0.1
{h}	0.7

按照最小支持度 0.4 进行剪枝，得频繁 1 项集 L_1（见表 10-14）.

表 10-14　频繁 1 项集 L_1

频繁 1 项集	支持度
{b}	0.4
{c}	0.6
{d}	0.6
{e}	0.6
{f}	0.5
{h}	0.7

　　Apriori 算法具有如下性质：如果一个集合是频繁项集，则它的所有子集都是频繁项集. 如果一个集合不是频繁项集，则它的所有超集都不是频繁项集. 因此在利用 L_1 构造候选 2 项集 C_2 时，就不需要考虑频繁 1 项集之外的元素（如{a}和{g}）的影响，进而将 L_1 与 L_1 连接得候选 2 项集 C_2（见表 10 - 15）.

表 10 - 15　候选 2 项集C_2

候选 2 项集	支持度
{b, c}	0.3
{b, d}	0.3
{b, e}	0.1
{b, f}	0.1
{b, h}	0.3
{c, d}	0.4
{c, e}	0.4
{c, f}	0.3
{c, h}	0.3
{d, e}	0.3
{d, f}	0.2
{d, h}	0.3
{e, f}	0.5
{e, h}	0.4
{f, h}	0.4

剪枝得频繁 2 项集 L_2（见表 10 - 16）.

表 10 - 16　频繁 2 项集L_2

频繁 2 项集	支持度
{c, d}	0.4
{c, e}	0.4
{e, f}	0.5
{e, h}	0.4
{f, h}	0.4

　　重复以上步骤，直到不能生成新的频繁项集为止，迭代过程如图 10 - 9 所示.

候选1项集	支持度
{a}	0.2
{b}	0.4
{c}	0.6
{d}	0.6
{e}	0.6
{f}	0.5
{g}	0.1
{h}	0.7

剪枝 →

频繁1项集	支持度
{b}	0.4
{c}	0.6
{d}	0.6
{e}	0.6
{f}	0.5
{h}	0.7

↓ 连接

候选2项集	支持度
{b,c}	0.3
{b,d}	0.3
{b,e}	0.1
{b,f}	0.1
{b,h}	0.3
{c,d}	0.4
{c,e}	0.4
{c,f}	0.3
{c,h}	0.3
{d,e}	0.3
{d,f}	0.2
{d,h}	0.3
{e,f}	0.5
{e,h}	0.4
{f,h}	0.4

← 剪枝

频繁2项集	支持度
{c,d}	0.4
{c,e}	0.4
{e,f}	0.5
{e,h}	0.4
{f,h}	0.4

↓ 连接

候选3项集	支持度
{b,c,d}	0.2
{c,d,e}	0.3
{c,d,f}	0.2
{c,d,h}	0.2
{b,c,e}	0.1
{c,e,f}	0.3
{c,e,h}	0.2
{c,f,h}	0.2
{b,e,f}	0.1
{d,e,f}	0.2
{e,f,h}	0.4
{b,e,h}	0.1
{d,e,h}	0.1
{b,f,h}	0.1
{d,f,h}	0.1

剪枝 →

频繁3项集	支持度
{e,f,h}	0.4

↓ 连接

候选4项集	支持度
{c,e,f,h}	0.2
{e,f,h,b}	0.1
{e,f,h,b}	0.1

图 10 - 9

剪枝后无频繁 4 项集，迭代完毕．生成的频繁项集如表 10 - 17 所示．

表 10 - 17　经迭代和剪枝得到的频繁项集

频繁项集	支持度
{b}	0.4
{c}	0.6
{d}	0.6
{e}	0.6

续表

频繁项集	支持度
{f}	0.5
{h}	0.7
{c, d}	0.4
{c, e}	0.4
{e, f}	0.5
{e, h}	0.4
{f, h}	0.4
{e, f, h}	0.4

利用式(10-2)，计算项数大于或等于 2 的频繁项集的置信度，对于项数为 2 的项集，例如，项集{c, d}的置信度为

$$\text{confidence}(d{\Rightarrow}c)=\frac{P(c,\ d)}{P(d)}=\frac{0.4}{0.6}=0.67$$

$$\text{confidence}(c{\Rightarrow}d)=\frac{P(c,\ d)}{P(c)}=\frac{0.4}{0.6}=0.67$$

而对于大于 2 的项集，其计算应该先找出所有子集，再分析每一个子集与原项集去除该子集剩下的数据的置信度. 例如，项集 {e, f, h} 的置信度为

$$\text{confidence}(e,\ f{\Rightarrow}h)=\frac{P(e,\ f,\ h)}{P(e,\ f)}=\frac{0.4}{0.5}=0.8$$

$$\text{confidence}(h{\Rightarrow}e,\ f)=\frac{P(e,\ f,\ h)}{P(h)}=\frac{0.4}{0.7}=0.57$$

$$\text{confidence}(f,\ h{\Rightarrow}e)=\frac{P(e,\ f,\ h)}{P(f,\ h)}=\frac{0.4}{0.4}=1$$

$$\text{confidence}(e{\Rightarrow}f,\ h)=\frac{P(e,\ f,\ h)}{P(e)}=\frac{0.4}{0.6}=0.67$$

$$\text{confidence}(e,\ h{\Rightarrow}f)=\frac{P(e,\ f,\ h)}{P(e,\ h)}=\frac{0.4}{0.4}=1$$

$$\text{confidence}(f{\Rightarrow}e,\ h)=\frac{P(e,\ f,\ h)}{P(f)}=\frac{0.4}{0.5}=0.8$$

所有项集的置信度计算完成后，利用最小置信度剪枝，整理便可得强关联规则，如表 10-18 所示.

表 10-18　数据集中的强关联规则

项集	支持度	置信规则	置信度
{女性}	0.4	—	—
{雨天}	0.6	—	—

续表

项集	支持度	置信规则	置信度
〈驾龄 5 年以下〉	0.6	—	—
〈超速〉	0.6	—	—
〈夜晚〉	0.5	—	—
〈轿车〉	0.7	—	—
〈超速，夜晚〉	0.5	超速 ⟹ 夜晚	0.83
		夜晚 ⟹ 超速	1
〈夜晚，轿车〉	0.4	夜晚 ⟹ 轿车	0.8
〈超速，夜晚，轿车〉	0.4	超速，夜晚 ⟹ 轿车	0.8
		夜晚，轿车 ⟹ 超速	1
		超速，轿车 ⟹ 夜晚	1
		夜晚 ⟹ 超速，轿车	0.8

从表 10 - 18 中可以清晰地看出数据集中的强关联规则. 例如，在由超速引起的交通事故中有 83% 是在夜晚发生的，而且在夜晚由超速引起的交通事故中有 80% 是轿车. 这说明超速、夜晚、轿车三者具有很强的关联性，分析这些关联性有助于相关部门做出更有针对性的举措以预防事故的发生.

10.3.3　异常检测

异常检测的任务是识别特征显著不同于其他数据的观测值. 孤立森林 (isolation forest, iForest) 算法是一个基于 Ensemble 的无监督快速异常检测方法，广泛应用于对低维数据的全局异常点检测. 本节将利用 iForest 算法检测一组交通数据中的异常点.

案例 10 - 5　异常检测应用案例

1. 问题提出

城市道路是一个复杂的网络，而衡量某一路段的拥挤程度，即交通饱和度的重要指标之一就是车流量. 同一时段内路网中各个路段的车流量不尽相同，车流量过高的路段可能发生拥堵或事故，进而造成城市交通的不畅. 作为城市交通调度人员，如果能快速准确地识别出车流量数据中的异常点，就可以对相应路段采取有针对性的措施，改善路网环境. 假设车流量数据集如表 10 - 19 所示，利用 iForest 算法对数据集进行异常检测，分析数据集中的异常点.

表 10 - 19　车流量数据集

路段编号	车流量
1	999
2	786

路段编号	车流量
3	1 464
4	691
5	619
6	547
7	180
8	283
9	263
10	187

2. 模型假设

iForest 算法将异常点定义为那些"容易被孤立的离群点"，通常具有如下性质：

① 异常数据很少，即占总数据量的比例很小；

② 异常点与正常点有很大差异.

3. 求解流程

iForest 算法用一个随机超平面对数据空间进行切割，切一次可以生成两个子空间；再继续随机选取超平面，切割第一步得到的两个子空间，以此循环下去，直到每个子空间只包含一个数据或包含的数据相同，或达到限定的最大深度为止. 这样分割后的集合为一个二叉树，称为 iTree，计算 iTree 中各个数据的路径长度（也叫深度）. 重复上述过程若干次得到多个 iTree，综合多个 iTree 的结果即可计算每个数据点的异常分值.

4. 模型迭代

本例中设定构建二叉树的数量为 3 个，二叉树将数据分割成只有一个数据或包含的数据相同时停止.

计算第 1 个二叉树：随机选取一个介于数据集最大值和最小值之间的数值，将数据集一分为二，如图 10 - 10 所示.

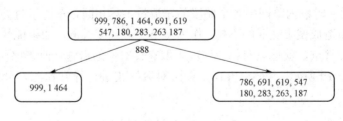

图 10 - 10

再对两个子空间继续进行分割，如图 10 - 11 所示.

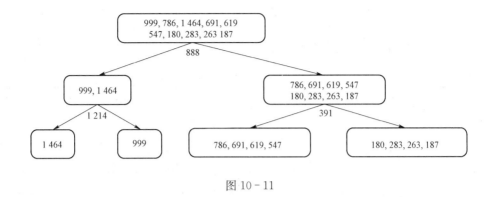

图 10 - 11

同理，直到所有子空间只包含一个数据或包含的数据相同，如图 10 - 12 所示.

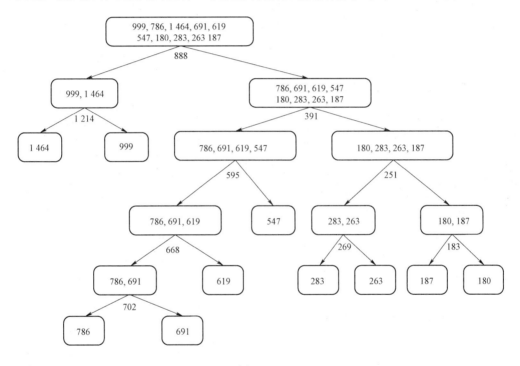

图 10 - 12

至此，数据集全部分割完毕，得到第 1 个二叉树，计算各叶节点的路径长度 $h(x)$：

$$h(x) = e + C(T_{size}) \tag{10-3}$$

其中，e 为数据从二叉树的根节点到叶节点过程中经过的边的数目，T_{size} 为总样本数量；$C(T_{size})$ 可以理解为有多个数据在同一叶节点上时模型对路径长度的修正，其含义为在此叶子上的所有数据构建的二叉树的平均路径长度，其计算公式为

$$C(T_{size}) = 2H(T_{size} - 1) - \frac{2(T_{size} - 1)}{T_{size}} \tag{10-4}$$

其中，$H(T_{size} - 1)$ 可用 $\ln(T_{size} - 1) + 0.577\ 215\ 664\ 9$ 估算，这里的常数是欧拉常数.

根据式（10 - 3）与式（10 - 4），数值 1 464 的路径长度为

$$h(1\,464)=2+C(10)=2+2[\ln(10-1)+0.577]-\frac{2\times(10-1)}{10}=5.748$$

同理，计算所有数据的路径长度，得表 10 - 20.

表 10 - 20　第 1 个二叉树的路径长度

数据	路径长度
999	5.748
786	8.748
1 464	5.748
691	8.748
619	7.748
547	6.748
180	7.748
283	7.748
263	7.748
187	7.748

同理构建另两个二叉树，并计算路径长度，第 2 个二叉树如图 10 - 13 所示，其路径长度如表 10 - 21 所示，第 3 个二叉树如图 10 - 14 所示，其路径长度如表 10 - 22 所示.

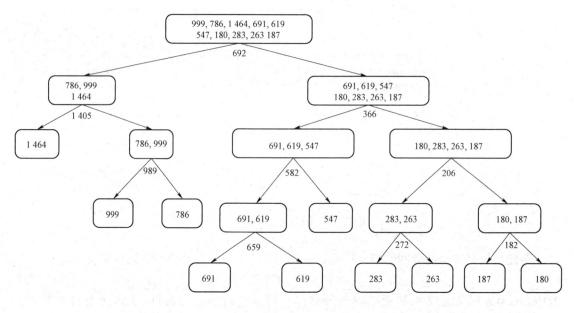

图 10 - 13

表 10 - 21　第 2 个二叉树的路径长度

数据	路径长度
999	6.748
786	6.748

续表

数据	路径长度
1 464	5.748
691	7.748
619	7.748
547	6.748
180	7.748
283	7.748
263	7.748
187	7.748

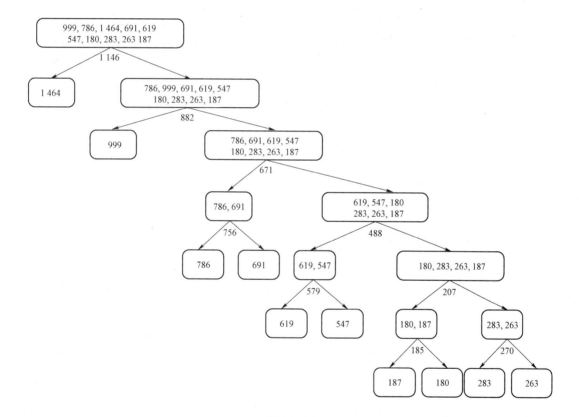

图 10 - 14

表 10 - 22　第 3 个二叉树的路径长度

数据	路径长度
999	5.748
786	7.748
1 464	4.748
691	7.748

数据	路径长度
619	8.748
547	8.748
180	9.748
283	9.748
263	9.748
187	9.748

全部计算完成后，利用所有的二叉树计算各个数据的异常分值（score (x)）：

$$\text{score}(x) = 2^{-\frac{E(h(x))}{C(T_{\text{size}})}}$$

其中，$E(h(x))$ 为样本 x 在一批孤立树中的路径长度的期望. 数据分值越接近 1，说明数据的平均路径长度越小，数据越异常；数据分值越接近 0，说明数据的平均路径长度越大，数据越正常.

因此，本例中数据的异常分值如表 10 - 23 所示.

表 10 - 23　数据的异常分值

数据	异常分值
999	0.325
786	0.239
1 464	0.367
691	0.224
619	0.224
547	0.254
180	0.211
283	0.211
263	0.211
187	0.211

可以看出，数值 1 464 和数值 999 的异常分值明显高于其他数据，说明这两个数据异常.

🖥 习题与思考

1. 什么是数据挖掘？为什么进行数据挖掘？
2. 什么是数据预处理？有哪些预处理方法？数据预处理的作用有哪些？
3. 表 10 - 24 是 16 个地区某年的人均可支配收入和人均消费支出表，试完成回归分析.

表 10 - 24　人均可支配收入和人均消费支出

地区	人均可支配收入/元	人均消费支出/元
1	24 724.89	16 460.26
2	19 422.53	13 422.47
3	13 441.09	9 086.73
4	13 119.05	8 806.55
5	14 432.55	10 828.62
6	14 392.69	11 231.48
7	12 829.45	9 729.05
8	11 581.28	8 622.97
9	26 674.9	19 397.89
10	18 679.52	11 977.55
11	22 726.66	15 158.3
12	12 990.35	9 524.04
13	17 961.45	12 501.12
14	12 866.44	8 717.37
15	16 305.41	11 006.61
16	13 231.11	8 837.46

4. 14 位客户在给定天气条件、气温条件、湿度条件、风力条件下是否打算出行的结果如表 10 - 25 所示. 使用 ID3 算法构造决策树, 对影响出行条件进行分类整理, 并预测一位客户在天气（雨）、气温（热）、湿度（高）、风（无）的情况下是否出行.

表 10 - 25　出行结果

客户	天气	气温	湿度	风力	是否出行
1	晴	热	高	无	否
2	晴	热	高	有	否
3	多云	热	高	无	是
4	雨	温暖	高	无	是
5	雨	凉爽	正常	无	是
6	雨	凉爽	正常	有	否
7	多云	凉爽	正常	有	是
8	晴	温暖	高	无	否
9	晴	凉爽	正常	无	是
10	雨	温暖	正常	无	是
11	晴	温暖	正常	有	是
12	多云	温暖	高	有	是
13	多云	热	正常	无	是
14	雨	温暖	高	有	否

5. 表 10-26 中共有 6 个样本，每个样本有 X 和 Y 两个维度的属性，试使用 K-means 聚类算法将其聚类.

表 10-26 样 本

样本	X	Y
1	0	1
2	2	1
3	1	3
4	8	6
5	9	7
6	6	10

6. Apriori 算法的核心思想是什么？

7. 表 10-27 是一个二维数据集. 试用孤立森林法进行异常检测.

表 10-27 二维数据集

编号	元素 I	元素 II
1	6.646	77.032
2	18.171	−13.628
3	−1.564	10.86
4	−18.24	−15.436
5	−12.772	−54.783
6	−5.6	6.667
7	−10.779	6.47
8	1.835	−38.442
9	−19.047	11.06
10	19.704	7.199

附录 A 数学建模竞赛介绍

数学建模竞赛不同于其他各种具有单个学科如：数学竞赛、物理竞赛、计算机程序设计竞赛等的竞赛，因为这些竞赛只涉及一门学科、甚至一门课程的知识，而数学建模竞赛涉及数学学科、计算机学科等其他许多学科的知识，仅数学学科就涉及高等数学、线性代数、概率统计、计算方法、运筹学、图论、数学软件等方面的知识. 学生要想在数学建模竞赛中取得好成绩，除了具有以上数学知识外，还要有较好的计算机编程能力、网上查阅资料的能力及论文写作能力等，此外，他们还应有接触各种新知识的环境和喜好. 因为数学建模的竞赛题远非只是一个数学题目，而更多是一个初看起来与数学没有联系的实际问题，它涉及很多知识，有些还是当前尚未解决的问题，如：飞行管理问题、DNA 排序问题等就是较有代表性的数学建模考试题目. 通常数学建模题目只给出问题的描述和要达到的目的，参赛学生要做的事情是将问题用数学语言转化成数学问题，然后在数学的背景下使用计算机或数学软件来求解，最后再根据所得的解来解释和检验所给的实际问题. 与数学竞赛不同的是，数学建模赛题没有标准的正确答案，试卷的评分标准是看学生解决问题和创新的能力. 因此要做好一个数学建模问题并不是一件容易的事情，需要学生很多的知识以及对所学各种知识的综合运用，对学生是一个挑战. 数学建模竞赛可以培养团队精神与合理表达自己思想和综合运用知识的能力等，所有这些对提高学生的素质都是很有帮助的，且非常符合当今提倡素质教育精神.

我国从 1992 年开始有了大学生数学建模竞赛，发展到目前全国有多个参赛规模很大且很有影响的数学建模竞赛. 这些竞赛每年都举行一次，参赛对象涉及研究生、本科生、专科生和高中生. 数学建模竞赛共同特点是以参赛队为单位参赛，每个参赛队最多由三个同学组成，所有在校各年级的学生都可以报名参赛. 能在这项赛事中取得好成绩的往往是具有知识面较广、喜欢接受新鲜事物和挑战、自学能力强、能吃苦、喜爱思考且在数学、计算机和文字表达方面有优势的学生组成的参赛队. 目前在全国影响最大的有以下 4 个竞赛，它们分别是：

1. 中国研究生数学建模竞赛

中国研究生数学建模竞赛是教育部学位管理与研究生教育司、教育部学位与研究生教育发展中心指导；中国学位与研究生教育学会、中国科协青少年科技中心主办的"中国研究生创新实践系列大赛"主题赛事之一，是一项面向在校研究生进行数学建模应用研究的学术竞赛活动，是广大在校研究生提高建立数学模型和运用互联网信息技术解决实际问题能力，培养科研创新精神和团队合作意识的大平台.

该竞赛参赛对象是中国（含港澳台地区）高校、研究所的在读研究生（硕士生、博士生）和已获研究生入学资格的本科应届毕业生，以及国外大学在读研究生和国内大学在读留学研究生. 参赛报名在中国研究生创新实践系列大赛官方主页网站进行. 有关该竞赛的信息和资料可以查看官方主页网站 https://cpipc.acge.org.cn .

该竞赛的参赛开始时间为每年 9 月 16 日左右，竞赛时间长度为 4 昼夜，报名是以学校为单位报名，准备参赛的学生可以到本学校的研究生院或负责研究生工作的老师询问报名事项.

2. 全国大学生数学建模竞赛

全国大学生数学建模竞赛是中国工业与应用数学学会主办的面向全国大学生的群众性科技活动，旨在激励学生学习数学的积极性，提高学生建立数学模型和运用计算机技术解决实际问题的综合能力，鼓励广大学生踊跃参加课外科技活动，开拓知识面，培养创造精神及合作意识，推动大学数学教学体系、教学内容和方法的改革. 竞赛参赛对象是中国高校的在校本科生、专科生和中学生.

该竞赛的参赛开始时间为每年 9 月 10 日左右，竞赛时间长度为 3 昼夜，报名是以学校为单位报名，准备参赛的学生可以到本学校的教务处询问报名事项. 有关该竞赛的信息和资料可以查看官方主页网站 http://www.mcm.edu.cn .

3. MathorCup 高校数学建模挑战赛

MathorCup 高校数学建模挑战赛是由中国优选法统筹法与经济数学研究会主办的科技竞赛活动. 主办方是在中国科学技术协会直接领导下的学术性社会团体，是国家一级学会. 竞赛秉承研究会创始人华罗庚教授提出的数学与实践相结合的宗旨，通过数学建模竞赛活动，拓宽社会挖掘与培养优秀人才的渠道，搭建展示学生基础学术训练的平台，鼓励广大学生踊跃参加课外科技活动，提高学生运用理论知识解决社会实际问题的能力，在拓宽学生科研视野同时，培养创新精神、创造能力及合作意识. 竞赛的参赛对象是普通高校全日制在校的研究生、本科生和专科生.

该竞赛的参赛开始时间为每年 4 月 15 日左右，竞赛时间长度为 4 昼夜，参赛学生可以通过学校教务处咨询报名情况完成统一报名或者在官方主页独立报名. 有关该竞赛的信息和资料可以查看官方主页网站 http://www.mathorcup.org .

4. 美国大学生数学建模竞赛

美国大学生数学建模竞赛由美国数学及其应用联合会主办，得到美国多个著名组织和学术协会冠名，是现今各类大学生数学建模竞赛的鼻祖. 该竞赛最早开始于 1985 年，从那时起每年进行一次，从未间断. 美国大学生数学建模竞赛全程使用英文，获奖的参赛队伍都是在综合数学科学基础、英文表达能力、科研论文写作、计算机仿真能力和应用创新能力等方面激烈竞争中胜出的佼佼者. 竞赛的参赛对象是全球高校在校的本科生，专科生和高中生也可以参加，因此，这也是一项国际建模竞赛.

该竞赛的参赛开始时间为每年的 1 月下旬至 2 月中旬的某一天，竞赛时间长度为 4 昼夜，参赛学生可以通过学校教务处咨询报名情况完成统一报名或者在官方主页独立报名. 有关该竞赛的信息和资料可以查看官方主页网站 http://www.comap.com/undergraduate/contests .

附录 B 数学建模竞赛论文写作注意事项

数学建模竞赛论文是参加数学建模竞赛的唯一标志，获奖级别主要由该论文的内容决定. 数学建模竞赛论文有标准的文章结构要求，参赛者应该按此文章结构来写作参赛论文. 因此了解数学建模竞赛论文的结构和写法是参赛学生必须知道的事情，它可以指导参赛者写出合格的论文并提高获奖等级.

一篇数学建模竞赛论文要有以下 9 部分内容：

- 摘要；
- 问题的重述；
- 模型的假设，符号和概念说明；
- 模型的建立；
- 模型的求解；
- 模型检验或误差分析；
- 模型评价；
- 参考文献；
- 附录.

这 9 部分内容在参赛论文中可以不层次分明，而且每个内容也可以不必都全部出现，只要体现其中内容即可.

摘要一般要求用一页完成，是论文的第一页，它是参赛论文的总体描述，在此中能够看到参赛者的主要研究方法、途径和结果. 摘要的内容应该写阅读者最想看到的东西，应该少些空洞的东西，当然，要注意语句之间的逻辑衔接.

文章第二页进入正文. 其第一个内容是**问题重述**，它一般把要解决的问题用自己的话简要的描述一下，该部分不要太多，把要解决的问题描述清楚即可.

接下来是**模型假设**. 根据全国组委会确定的评阅原则，基本假设的合理性很重要. 通常是根据题目中条件、题目中要求以及容易建模作出假设. 关键性假设不能缺，假设要切合题意. 模型假设后，一般是**符号和概念说明**部分，在此列举建模中出现的主要数学符号和关键概念. 完成这部分后，进入文章的主题模型建立部分.

模型建立部分要有问题分析，公式推导，基本模型，最终或简化模型等. 基本模型要有数学公式、方案等，它要求完整，正确，简明. 简化模型要说明简化思想和依据. 在问题分析推导过程中，要注意分析合乎逻辑，术语专业，依据正确，表述简明，且关键步骤要列出. 模型要实用有效，以能解决问题为最终原则. 数学建模中，不要追求数学上的：高（级）、深（刻）、难（度大）. 要遵循能用初等方法解决的、就不用高级方法；能用简单方法解决的，就不用复杂方法；能用被更多人看懂、理解的方法，就不用只能少数人看懂、理解的方法. 建模创新很重要，但要切合实际，不要离题标新立异.

模型求解部分中，对自己设计的新算法要给出原理和思想. 若采用现有软件求解，要说明采用此软件的理由和软件名称. 计算过程中，中间结果可要可不要的，不要列出.

数学建模的创新可以提高论文的水平. 该创新一般主要体现在以下方面:

（1）在建模中. 如模型本身，模型简化的好方法、好策略等;

（2）在模型求解中. 如构造效率高的算法，使用不同于传统方法的新方法等.

给出的计算结果要进行结果分析和**模型检验**，要注意结果的合理性. 结果不合理或误差大时，分析原因，以此对算法或模型进行修正、改进.

模型评价要优点突出，缺点不回避. **参考文献**部分要按竞赛论文格式要求列出参考论文、书籍，凡是参考了别人的东西一定要列出，否则可能被认为是抄袭. 附录中可以写较繁长的公式推导，次要数据表格等.

数学建模中要有应用意识. 对要解决的实际问题，给出的结果和结论要符合实际;给出模型、方法和结果要易于理解，便于应用;要站在使用者的立场上想问题，处理问题. 特别要注意的是题目中要求回答的所有问题要尽量给出结果.

附录 C　参赛学生的经历与感想

C.1　我们的数学建模经历

（2010 年美国大学生数学建模竞赛特等奖获得者　吉昱茜　卢磊　孟凡东）

国际大学生数学建模竞赛是世界范围内检验大学生科研素质的竞技平台，每年有世界范围内约 2 000 多个参赛队参赛。由于该竞赛的特等奖比例不到全体竞赛队的 1‰，获得这个奖一直是我们梦寐以求的愿望。2010 年 4 月 7 日，这是我们终生难忘的日子，因为在这一天，我们被告知获得本年度国际大学生数学建模竞赛特等奖，而且我们的论文将发表在国际著名杂志上！得到此消息，我们激动无比，幸福至极！

时间有若苍狗流云，白驹过隙。数学建模竞赛的时间虽然仅有三四天，但是要获得好成绩，就要经过一个漫长且重要的准备过程，我们在大学的学习可以说是伴随着数学建模一起成长的。

自 2007 年我们进入北京交通大学以来，就知道交大的数学建模竞赛活动开展得很好，而且每年在国内外的竞赛中成绩都在前列。从学校的数学建模网上，我们对数学建模有了初步的了解。为了也能尽快加入数学建模竞赛的行列，我们从大一下学期开始就选修了数学建模 I 和数学建模 II 课程。这些课程的内容不需要太深的数学知识，我们大学一年级就能学懂。在学习的过程中我们对数学建模产生了很大兴趣，并愿意阅读更多、更深的数学建模书籍，同时也有了参加数学建模竞赛的想法。学校每年有 4 个不同层次的数学建模竞赛，这些竞赛给我们提供了很好的锻炼自己的机会。出于兴趣和爱好，我们已陆续参加了 2008 年的校内建模竞赛、2009 年全国大学生高教社杯数学建模竞赛、2009 年全国电子电工杯数学建模竞赛和 2010 年国际数学建模竞赛。每次参赛我们都有收获，竞赛的成绩也在不断提高，最终我们终于取得了国际数学建模竞赛的最高奖。

我们三个以前是在不同的队参加数学建模竞赛，都有参加 2010 年国际数学建模竞赛的强烈愿望。学校的建模竞赛培训把我们联系在一起，虽说我们 3 个优劣势互不相同，但经过多次接触磨合，我们发现彼此可以很好地互补，这促成了我们参赛队的组建。我们的团队成员来自理学院的思源班和计算机学院，我们横跨了 3 个专业：电子通信、会计和计算机，另外由于兴趣爱好不同，各自所擅长的方面也不同。此外，性格方面也很重要。在建模的过程中我们不能过多地停留在一个简单的争执上，也不能简单地附和，没有自己的想法和观点。只有大家能够非常默契地在一条主线上，相互质疑、启发，将这条主线更加深入和扩展。只有团队之间在遇到不同的观点时互相促进，在遇到困难时互相鼓励，在彼此绝望时互相安慰扶持，才能够走得更远，走得更辉煌。

为了准备竞赛，我们多次向指导教师王兵团老师请教，并根据他的意见我们彼此做了分工，阅读了许多数学建模的实例和计算机编程算法，并多次同他一起研讨一些数学建模获奖论文和当今热点问题。为了更进一步了解美赛，我们每周还会一起坐下来讨论以前国际比赛的数学建模题目，分享相关优秀获奖者论文中的亮点，并时常把我们的想法向王老师汇报，以得到他的指点。2010 年 1 月，我们通过学校选拔后顺利进入代表学校参加国际建模竞赛的名单中。在对学校随后的国际建模竞赛赛前辅导课程中，我们全体组员每次必到，认真听讲，不懂就问。课下我们还会花一些时间再看看课件，对于课件上的一些实例，我们还选择性地进行过模拟竞赛，有了想法就写出来，然后找王老师咨询，每次咨询过后，都感觉受益匪浅。

寒假前，我们时常聚在一起，讨论我们可能需要的书籍，之后分别去图书馆借阅：吉昱茜借了许多关于论文写作、数值分析、数学建模方法和模糊数学方面的书，卢磊借了一些英文的数学书和决策分析方面的书，孟凡东借了一些计算机数值编程方面和算法方面的书。假期虽然短暂，但是我们并没有在这段时间荒废，我们几乎每天都会看一些数学建模方法与实例。只看不做，没有对比，效果并不会很好，所以我们会抽出一两天大家都有空的时间，每人都去尝试建立模型，再在 QQ 上交流各自的模型并讨论学习所得，对一些理解较困难的问题，通过电子邮件与王老师交流。

美赛对我们来说，语言是一定的障碍，论文绝非像我们四六级英语作文那样，而是需要大量的专业词汇，这也是困扰很多同学的问题。为了突破这个障碍，我们分头借阅大量的英文数学书籍和文献。另外，我们经常看美赛的获奖论文、查阅相关资料，积累了大量的有关数学建模的专业词汇。

王老师经常对我们说，参加数学建模竞赛要态度端正，不要把获奖放在首位。平时学习数学建模的每个案例，要充分享受数学建模的过程并学习其中涉及的数学知识，不要有撞运气的态度。一步一个脚印的学习，到参加数学建模竞赛时，不想获奖都不行！当拿到奖的兴奋与喜悦都成为过去时，回头再看来时路，我们觉得还真是这样。经历了多次数学建模竞赛的实战，我们的数学建模能力有了很大的提升。借助数学建模论坛中的一句话："如果你能成功地选择劳动，并把自己的全部精神灌注到它里面去，那么幸福本身就会找到你"。我们深知：只有付出，方才有回报。

通过王老师推荐的数学建模书籍和同学们之间相互交流的资料，我们学习了大量的基础数学模型，并且总结出一些数学模型的用途和可以应用的问题，以及应用该模型需要的信息。美赛与中国数学建模竞赛之间有很多的不同，其模型要求更加实用、经济，更加强调用最简单的方法去解决复杂的问题，此外还有英文论文写作的流畅和本土化。为了准备竞赛，除了参加赛前培训外，在王老师的指导下，我们花费了很多的精力在实际的模拟中。在实际中寻找一个问题，运用 4 天的时间，像美赛一样全身心的投入，实际模拟其中的每一个过程，包括讨论、查找信息、建立模型、形成论文、英文翻译的每一个过程。在实际练习后，王老师会对我们的练习做出评价，并对欠缺的地方做出指正。在这个过程中，我们增加的不仅仅是经验和能力，团队间的默契也得以提高。

无论之前的努力有多少，当真正开始美赛的时候，我们完全地投入其中。我们深知"成功需要百分之一的灵感和百分之九十九的汗水，但是百分之一的灵感比百分之九十九的汗水更加重要"。如果在关键的时候，没有全身心的投入，没有认真思考后的灵感，那么之前的努力可能将付诸东流。在那 4 天里，大脑中无时无刻不在高速地运转，很多想法都是在吃饭时提出讨论。每天睡觉前的最后一个愿望都是明天可以有一个更好的想法；每天睁开眼第一个想法就是昨天的想法是否正确。参加过数学建模竞赛的同学都知道，国内数学建模竞赛的时间往往是 3 天，全美数学建模竞赛的时间也仅为 4 天。看上去美赛的时间要比国内建模竞赛的时间长，但是很多学科上的知识和建模中用的信息都来源于国外的网站或者文献。那么在这么紧的时间内，除了大脑高速运转外，我们整个人都绷得紧紧的，生怕出现错误、浪费时间。

在美赛 4 天紧张的忙碌所获得的成绩，在我们看来，不只是 4 天全身心投入的奖赏，更是对我们在学校两年半学习数学建模的付出和王老师指导的肯定。结果虽让我们欣喜，过程更让我们成长。

在三年的数学建模比赛经历中，不仅仅是比赛的成绩的进步，更是一种能力的培养。有几许欣喜，有几许兴奋，而更多的则是感激和感慨。在此感谢我们的指导教师王兵团，是他的教材《数学实验基础》和《数学建模基础》把我们引入了数学建模的大门，是他的长期指导使我们走到了今天；感谢学校给我们提供了展示的平台；感谢所有教过和指导过我们的老师，是他们使我们的知识越来越丰富。成绩已经成为过去，我们将在今后的学习生涯中，再接再厉，不断进取，为学校、为国家贡献我们的力量。

C. 2　令人难忘的 96 小时

(吉昱茜)

2010 年国际数学建模竞赛从 2 月 19 日 9 点开始，2 月 23 日 9 点结束，一共 96 个小时。

比赛前一天，王兵团老师把我们召集到理学院 7110 办公室，做了最后一次辅导，又讲了许多注意事项，然后放手让我们进入了第二天的竞赛。

2 月 19 日 9 点，我们在官网上下载了试题，A、B 题是 MCM (the mathematical contest in modeling)，C 题是 ICM (the interdisciplinary contest in modeling)。MCM 和 ICM 的区别主要就是 ICM 更重视交叉学科的应用，由于这次 A 题中涉及大量的物理相关知识，不容易对 A 题的理解有清晰的概念和落脚点；而 B 题中我们对题目的理解有异议，而且信息和数据也不容易获取；C 题虽然信息量大，但与我们平时花时间去练习的题目类型比较相似，所以当时我们一致选择了 C 题。C 题是一道有关海洋漂浮物污染的问题，题目给了大量的资料，首先是该问题的大概介绍，告诉我们由于洋流的作用，海洋中大量的塑料垃圾漂浮物会聚集在一起，形成大的海洋垃圾带，然后提出问题：帮助研究者和政府立法者确定海洋垃圾带的严重程度、危害，并选择一个方面建模，帮助立法者分析海洋危害的影响，并提出减轻污染的经济、有效的措施和建议。最终提交的论文将以一个 10 页报告的格式呈现，再加上论文必须有的一页摘要，一共 11 页。

这道题给的资料非常多，除了两页题目中给了大量可用的参考文献，题目还附带了一幅图片及两篇相关论文。在确定了选题之后，就是详细的读题和审题，在我们分别逐字逐句地又看了一遍题目之后，确定了以下几个要点：第一，需要分析确定海洋垃圾的危害程度、范围，并在论文中呈现；第二，要从一个方面建模，本题涉及的范围很广，但我们只需要从一个小的方面入手建模，并从这一方面分析，最后给出相关的建议，而不能泛泛地在一个大的范围里空泛地谈；第三，论文要以报告格式提交，这与以往的建模论文会略有不同，对论文的写作格式提出了明确的要求。

在确定了这几方面之后，我们就开始阅读题目中附带的文献，一共两篇。由于以前阅读的英文科技文献较少，所以读这两篇文章耗费了大量时间，我们几乎花费了整个下午，完成了两篇文献的阅读，然后进行了讨论，互相交流对文章的看法及理解，最后统一了意见，并且仔细研究了两篇文章所给出的数据，分析这些数据的作用和可能解决的问题，并确定最后建模中的主要数据来源就是这些数据。

晚上我们就开始讨论建模的方向，力图根据给的数据，选取一个适合的方面建模，并用这个模型的结论作为我们最后结论的依据。刚开始我们想在垃圾回收的方面建模，力图找到一个经济的回收漂浮垃圾的方法，但通过查阅资料和讨论，我们发现这一方案并不可行，就这样经过一晚上的不断提出—否定—再提出—再否定，我们最后确定了大概的方向：通过海洋垃圾的丰度和大小两个因素来确定海洋的污染程度。

2月20日7点，我们就开始进行模型的计算。经过计算，我们发现，我们原来的思路是有问题的：原来我们的想法无法确定影响海洋垃圾污染的因素（丰度、大小）的绝对权重，并且只有一次测量的数据，所以我们不能直接根据海洋垃圾的丰度和大小这两个因素来确定海洋的绝对污染程度。所以我们决定推翻昨天的思路，重新思考，这时我们就开始翻阅事先借的书，想从中受到启发或者找到灵感，并且进行"头脑风暴"：每个人都把想法说出来，不管是不是成熟，力图能有更好的想法。但是到下午我们还是没有确定下来我们建模的方面。为了打破僵局，查找到更多资料，我们还去了国家图书馆查找相关资料。然后在晚上，我们又仔细看了一遍题目，在题目所给的图片中找到了一个 logo，通过上网查询，我们知道了这是一个专门研究海洋污染组织的网站，在这个网站中我们找到了大量的有关海洋漂浮物污染的资料。经过仔细阅读这些资料，我们有了一些想法，通过大家的交流沟通，终于确定了我们的模型总思路：确定不同种类塑料对海洋的危害度，然后根据它们危害的不同来分级，并对不同等级的塑料进行分级治理。具体为：首先我们利用排序倒数权重法为塑料垃圾的丰度和大小这两个因素设定权值，来描述其对海洋生态的危害程度；然后我们根据多属性决策分析理论，通过灰色系统理论效果测度对所给文献中的数据计算，得出海洋垃圾中各成分的组合效果（组合危害程度），并据此确定有效数据，提取有效数据进行下一步的计算；最后，根据这些数据定量分析出海洋垃圾漂浮物中各种成分（各种类型的垃圾）的相对危害度，并由此确定减轻海洋塑料垃圾污染的具体方案。

在确定了这个方案之后，我们又进一步确定了这个模型的准确性，以保证以后的步骤可以顺利地进行。

2月21日开始，我们就正式进入论文写作。首先我们上网查询了报告的格式，再根据我们模型的需要，确定了论文的大致框架：背景介绍（introduction），污染的程度分析（analysis about ocean debris problem），参数定义（terminology and conventions），模型假设（assumptions），模型建立（modeling），模型评价（strength and weakness），讨论（discussion），建议（recommendation），参考文献。

然后我们就开始分工协作，每人负责几部分的写作，自己的部分写完了之后再相互修改，最后每个人都要对每段文字进行反复的修正，力求精益求精。2月21日，我们完成了背景介绍、模型建立等部分，并且又对模型进行了改进：在模型确定了不同种类的塑料的危害度后，我们要进行分级治理，然后还要在一段时间后进行检测，测试治理的成果，并通过治理的成果重新定义不同种类的危害度，即增加了一个反馈机制，使我们的模型处于动态，可用范围变大。

2 月 22 日，继续论文写作，完成流程图、图表的绘制，并且不断修正之前论文中的错误。而且在写作过程中，我们在已有模型上又添加了一个小的部分：混合塑料制品的等级判定。由于塑料制品的组成成分可能包含各级危害程度不同的塑料，对塑料制品的分级采取以下策略：情况 1，只含有一级危害和二级危害的塑料，设一级危害的塑料的含量是 p，危害度是 ω_1；二级危害的塑料的含量是 q，危害度是 ω_2。当 $p \cdot \omega_1 > q \cdot \omega_2$ 时，即 $p / q > \omega_2 / \omega_1$，该塑料制品的危害程度评定为一级，否则评定为二级。情况 2，含有一级危害、二级危害和三级危害的塑料，由于三级危害的塑料的危害程度很小，不到 10%，所以仅当三级危害的塑料的含量占到 90% 以上时，该塑料制品被评定为三级，否则计算方法如情况 1。情况 3，只含有一级危害和三级危害或者只含有二级危害和三级危害的塑料，该塑料制品的危害程度按最高级别评定。

到晚上 11 点左右，我们完成了大部分论文。然后在结题前的几小时我们完成了摘要的写作。之所以把这部分放在最后，是因为这是一篇论文的总结，所以一定要在论文完成后才能全面完成。短短 200 多个词的摘要，初稿就用了两个小时，然后又经过了三次修改，最后才最终确定。之所以这么重视，是因为在之前的培训中，王老师就强调过摘要的重要性：论文的第一轮评选是只看摘要这部分的，如果摘要写得不好，即使论文写得再好，论文也是不可能得奖的。然后用剩下的时间我们进行了格式的调整，使整篇文章看起来比较舒服，便于评委的阅读。

23 日早晨 6 点 10 分，我们完成了全部论文的写作并向竞赛组委会发去电子论文，然后在早上 9 点将 2 份打印好的论文交给指导教师。至此，我们完成了国际数学建模竞赛之旅。

C.3　数学建模竞赛使我成熟

（祝诗扬）

2006 年 9 月 25 日清晨，带着深深的遗憾，我们参赛队上交了论文。由于感觉获奖机会不大，在那一刻我曾经一度觉得数学建模会就此离我远去了，心中充满了难以言说的伤感。

但很快我就发现，数学建模事实上已融入我的生活，变得无处不在。经过这几天的磨炼，数学建模带给我的进步远远超出了我的想象，并不是单纯地能否获奖就能估量的。

比如说，我原来从来没觉得自己的表达能力会有问题。多年当班长的经验、平时对演讲的喜爱，让我对自己的这一方面相当有自信。然而，事实证明，科研讨论和平时一般的交流大有不同。尊重队友只是一个基本的要求，而如何有效地表达自己，如何正确地理解队友意图，需要一些技巧和经验。在大家意见不统一时就必须有人妥协，而由谁来妥协、妥协到什么程度，就又是新的问题。这就需要不断摸索和总结。我们队也经过了校内比赛的磨合，才有了一个比较满意的状态。

比赛结束没几天，我就感觉到自己学习状态的变化。原来一些书上不甚了了的东西，教材为什么要这样编排、书上为什么非这样写不可、为什么不加讨论地采用方案 A 而非方案 B……现在顿觉眼前一亮，"英雄所见略同"。此外，对知识的结构和整体把握也有了很大的提高。原来的学习，像是在迷宫里摸索穿行，现在却像是极目远眺。如果用武侠小说的语言来表达我这种只能意会、难以言传的感受，那就是经过一段时间的闭关修行之后，功力和境界又高了一层（开个玩笑）。

我曾经是一个非常挑剔的人，要求舒适的工作条件、尽善尽美的细节。虽然这种完美主义不能说不好，但现实是我们不可能有这么多时间和精力来完善。三天时间，即使不吃不睡也就 72 小时，什么都考虑到，到了最后也许什么都解决不好。在我们陷入细节的泥沼时，与其勇往直前，不如"退一步海阔天空"。要学会站在全局的高度去把握，必要的时候我们就得忍痛割爱。这也是我们队本次比赛的一个教训。建模中忽略细节、主攻重点的思想其实非常有道理。我们以后工作了、成家立业了，一段时间里要兼顾各种事情，就必然会遇到更多此类心有余而力不足的情况，也必然面临更多的选择和放弃。舍得舍得，没有舍就没有得。这是数学建模的学问，也是平时学习的学问，更是人生的学问。

有的人也许会认为，参加数学建模竞赛会耽误平时的学习。我承认，在时间上，这肯定是会受影响的。但我们一整天都埋头苦干，效果会不会很好呢？大二的时候，我曾经痛下决心，要把所有的时间都花在学习上，非要尝尝"笑傲考场、永不言败"的滋味。虽然最后的成绩比起大一时的确很有起色，可离自己的标准却相差很远，投入和收获不成比例。现在回头想想，一个原因是自己学习效率的问题，另一个重要原因就是平时学习中理论和实践的一贯脱节。理论和实践有着一道天然的沟壑，因为书上不可能把所有的来龙去脉都写得一清二楚。这就造成很多东西很难一下子明白。即使刚开始自己觉得明白了，事实上没有亲身的体会，理解也来得并不深刻，很容易碰上无法解决的问题。我还曾经为此怀疑过自己没有天分，觉得也许学理科并不适合我，沮丧万分。我们常常讲学以致用，先学了一大堆自己并不知道有用没用的知识放着，再等着有朝一日拿出来用。问题是，这样漫无目的、看起来遥遥无期的学习简直就是痛苦的煎熬，更别说要学好了。

扪心自问，我学习不能说不努力，不能说不刻苦，但成绩却总是差强人意。我已经尽了最大努力为什么还没有多大进步？这曾是困扰我许久、让我辗转反侧、夜不能寐的问题。一次没考好可以归结为运气不好，但这种小概率事件一次次发生，那就是超小概率事件了。根据概率论中超小概率事件在一次实验中不会发生的基本定理，这只能说明我的学习方法有问题。如果不改变现状，我就永远不能进步。而我又该怎么改变呢？"不识庐山真面目，只缘身在此山中"。我得跳出平时学习的环境，才能认识得更清楚。而事实也证明，我的决定是正确的。

数学建模竞赛为我提供了实践的机会，它培养了我们平时上课多思考的习惯，使我们能在自觉或不自觉中从"不知道自己不知道"到"知道自己不知道"，再从"不知道自己知道"到"知道自己知道"。学习学习，有学有习才能进步。

最后，感谢王兵团老师的《数学建模基础》和他的数学建模课程！感谢数学建模竞赛给我提供了参与、锻炼和思考的机会！我真诚地希望北京交通大学在数学建模教学上取得更多的成绩。

C.4　爱拼才会赢

（温娟　史创　宗楠）

2003 年 8 月 5 日在得知学校要组织建模队参加 9 月份的全国建模比赛时，我和我的一位舍友报名参加了学校组织的数学建模竞赛培训班。在竞赛培训班上我们认真思考老师留下的问题并按指导教师的要求尽量学习一些有关数学建模的知识。通过一段时间的学习和培训，我们的数学建模能力有了很大的长进。

接下来是怎样组队参赛的问题。由于数学建模竞赛需要 3 个人组队参赛，王兵团老师根据我们的实际情况让参加数学建模竞赛培训班的计科的一位男生与我们组队磨合。在那段日子里，我们要一边准备 8 月 20 日开始的专业课考试，一边还要抽时间在一起讨论建模的有关知识，紧张度可想而知。28 日上午 8 点学校数学建模竞赛开始，我们从老师那里领到题目后，就开始了分工与合作。原本抱着参与的态度，没想到竟然获得了一等奖，由此我们获得了代表学校参加全国大赛的资格。

尽管获得了一等奖，但我们也发现了自己有很多不足。王兵团老师让我们这些参赛的学生多看历年获得全国一等奖的论文，并告诫我们：要写出一篇出色的论文，需要有自己的观点，摘要尤其重要，要做到"人无我有，人有我新"，这样才能获得评选老师的青睐。这些对我们帮助很大，使我们队准备参加全国大学生数学建模竞赛有了明确的目的。

9 月 22 日全国比赛正式拉开帷幕。早上 8 点我和舍友下载了题后便开始了我们长达 72 个小时的考试。学校为我们安排了房间，这样我们可以全身心地投入到比赛中来。

题目拿到手后，我们就开始选题。每一个参赛队都要在自己所能选的两个题中选择一题。A 题是有关 SARS 的文章，画出了北京和香港的疫情走势图，以及一些有关的数据。看过之后，我们感觉以前的书上有好多关于传染病的范例，要写出新意来很难，尽管 SARS 是一种新发现的疾病。所以没经过太多考虑，我们一致选了 B 题。B 题是有关露天矿生产的车辆安排问题，属于线性规划和运筹范围。尽管我们没有一个人是数学系的，但毕竟以前接触过一些，所以还能拿下来。选题的时间比我们预计的要少得多，这样就等于增加了考虑的时间。

第一天晚上，我们的思路已经大体定下来了，但是队友在用软件计算时竟花了半个小时，这与题目中的快速算法相差甚远。我们不得不重新考虑另一种算法。第一晚根本感觉不到累，等你或你的队友抬起头时，才发现此时已经深夜，学校的大门早已锁了，但不管怎么样经过一天的讨论后毕竟还有些进展，我们打算第二天再接着干。第一天晚上，我们只睡了 5 个小时左右（其实脑子里一直在想题，哪能睡踏实？）。

第二天 6 点我们又汇集到了考试场所开始了的比赛。有时为一个条件和队友争得面红耳赤，不论如何我们的目标都是写出一篇好的论文来。题目中的条件我们审了又审，把很多无关紧要的信息划掉，把关键的语句用自己的话先归纳出来，再写成数学语言。第二天晚上我们已经把大部分内容写完了，但还是计算得比较麻烦，我们决定保存精力，第三天大干一场。

第三天上午我们三个人都在考虑快速算法的问题，此时每个人心里、脑子里没有任何的杂念，全身心地投入到这场"战斗"中来，或许只有在吃饭的时候才能得到一丝的放松。下午灵感来了，我们联想到市场经济中的性价比问题，于是开始计算，很巧的是竟然与复杂算法的结果惊人地相似！此时已经快天黑了，我们高呼万岁！痛痛快快地吃过晚饭后，我们开始分工写论文。此时离交卷时间还剩 15 个小时左右。

凌晨 2 点，看看外面一片寂静。虽然我们已经有点困得争不开眼睛的感觉，一直不停地滴眼药水，看电脑屏幕都快成双层了，但此时谁都知道只能进、不能退，跨过这道坎，我们就是最后的胜利者！大家互相鼓励、互相帮助，终于在早晨6点写完了！

　　看着17页的论文，我们都会心地笑了。虽然此时已经是一天一夜没合眼了，但每个人的喜悦是溢于言表的。

　　11月1日，我是永远都不会忘记的，当看到我和其他两个队友的名字出现在数学建模比赛国家一等奖的名单中时，我激动的简直不知道说什么好，我和队友拥抱在一起，我们都知道这是大家共同的心血，是把别人喝咖啡、逛商店的时间都用于准备数学建模比赛的结果，太难得了！同时，我们也要感谢王兵团老师，没有他给我机会和辛勤指导，我们也不可能取得今天的成绩，在这里，我们要对他说，您选择了我们没有错！此外，我们还要感谢给我们辅导的其他老师，他们给了我们很大的鼓励，使我们能全身心地投入到比赛中去。

附录D　　　　　　　附录E　　　　　　　附录F

参 考 文 献

[1] 王兵团. 数学建模基础. 北京：清华大学出版社，2004.

[2] 姜启源. 数学模型. 2 版. 北京：高等教育出版社，1995.

[3] GIORDANO F R，WEIR M D，FOX W P. A first course in mathematical modeling. 3rd ed. CA：Brooks/Cole，a division of Thomson Learning，2003.

[4] 王兵团. 数学实验基础. 北京：清华大学出版社，2004.

[5] 李大潜. 中国大学生数学建模竞赛. 北京：高等教育出版社，1998.

[6] 李尚志. 数学建模竞赛教程. 南京：江苏教育出版社，1996.

[7] BERTSIMAS D，FREAND R M. Data，models and decisions：影印版. Beijing：Citic Publishing House，2002.

[8] 西蒙，迪瓦卡尔，阿贾伊. 数据挖掘基础教程. 范明，牛常勇，译. 北京：机械工业出版社，2009.